湖南省衡阳地区外来入侵物种调查研究

苏立　主编　　　刘伟才　副主编

化学工业出版社

·北　京·

内容简介

本书主要对衡阳市外来入侵物种发生、分布及危害程度开展了调查研究，以期遏制当地外来入侵物种传入、扩散、蔓延与危害，为解决外来物种入侵问题提供客观依据。通过对衡阳市下辖的12个县（市、区）开展踏查和标准地调查，分析外来入侵物种的组成、原产地、地理分布及物种密度，依据对当地生态环境及经济的影响划分了入侵等级。通过实地调查，共发现外来入侵植物70种，隶属于29科，以菊科（Asteraceae）种数最多；动物2种，隶属于2科，占总种数的25.71%。从地区分布来看，石鼓区物种数达42种，物种密度为0.3750种/km^2，均为最高，整个衡阳地区分布总体呈现北多南少的趋势。依据危害程度将外来入侵物种划分为5个入侵等级，其中1级入侵类植物13种，2级入侵类植物19种，3级入侵类植物18种，4级入侵类植物16种，5级入侵类植物4种；动物2种都为1级入侵类。

本书可供从事相关研究工作的人员参考。

图书在版编目（CIP）数据

湖南省衡阳地区外来入侵物种调查研究/苏立主编；刘伟才副主编．—北京：化学工业出版社，2023.12

ISBN 978-7-122-44608-4

Ⅰ.①湖… Ⅱ.①苏…②刘… Ⅲ.①外来种-侵入种-调查研究-衡阳 Ⅳ.①Q16

中国国家版本馆CIP数据核字（2023）第228266号

责任编辑：张雨璐　李植峰　　装帧设计：溢思视觉设计/蔡多宁 E-mail: 1617265558@qq.com CaiDuoning

责任校对：李露洁

出版发行：化学工业出版社

（北京市东城区青年湖南街13号　邮政编码100011）

印　　装：北京建宏印刷有限公司

710mm×1000mm　1/16　印张12　字数125千字

2023年12月北京第1版第1次印刷

购书咨询：010-64518888　　售后服务：010-64518899

网　　址：http://www.cip.com.cn

凡购买本书，如有缺损质量问题，本社销售中心负责调换。

定　　价：88.00元

前言

PREFACE

生态安全是人类生存与发展的基本安全需求，维护生态安全是生态文明建设的重要内容，生态安全也是国家安全体系的重要组成部分。外来入侵物种已对我国生物多样性和生态环境安全造成了严重的危害，开展外来入侵物种的调查研究，将为遏制其传入、扩散、蔓延与危害，解决外来生物入侵问题提供客观依据。

衡阳市位于湘中南部，湘江中游；下辖雁峰区、石鼓区、珠晖区、蒸湘区、南岳区5个市辖区，衡阳县、衡南县、衡山县、衡东县、祁东县5个县，代管耒阳市、常宁市2市；属亚热带季风性湿润气候，气候温和，四季分明，雨量充沛，光温资源丰富；属全国45个公路交通主枢纽城市之一，境内高速、国道、铁路交织如网，运输业发达，使得外来入侵物种传入的概率增大。根据文献报道，湖南省有外来入侵植物134种。此前，对衡阳市外来入侵物种调查还不够全面深入，不能准确体现外来入侵物种的现状。随着交通运输业的快速发展，为外来入侵物种的扩散提供了条件，呈现出传入数量增多、传入频率加快、蔓延范围扩大、发生危害加剧、经济损失加重等趋势。因此，有必要对境内主要外来入侵物种、扩散方式、危害性质、分布区域与面积、危害程度等进行调查，为科学防治提供准确数据。

本书由湖南环境生物职业技术学院苏立担任主编，负责整体构思及统稿，湖南环境生物职业技术学院刘伟才担任副主编，负责具体编写工作，湖南环境生物职业技术学院赵富群负责物种分类鉴定工作，湖南环境生物职业技术学院李凌负责数据统计工作。

由于编者水平有限，时间仓促，书中难免有疏漏之处，望读者予以批评指正。

编者

2023年11月

目录

CONTENTS

湖 南 省 衡 阳 地 区 外 来 入 侵 物 种 调 查 研 究

1. 研究意义

外来入侵物种又称外来有害生物（exoticpest），是指某一有害生物由于人为活动影响，使其从原有自然生境中传播到另一生境中，其扩散范围已超越其潜在的自然扩散能力。外来有害生物入侵后，将对入侵地的生态系统结构和功能造成很大影响，并可能对当地一些物种的生存造成严重威胁，破坏了生物多样性和生态环境，给国家环境安全和经济、社会的可持续发展造成相当程度的负面影响，主要危害有以下几个方面。

1.1 对生物多样性的影响

《生物多样性公约》指出外来物种入侵是影响生物多样性的主要因素。外来入侵物种对物种多样性、生态系统多样性、景观多样性和遗传多样性都会产生严重的影响。外来物种成功入侵后与本地物种竞争食物、阳光、水等资源或者分泌释放化学物种抑制或直接扼杀本地物种，导致本地物种大量灭绝，形成单一优势群落。还会压迫和排除本地物种改变生态系统中物种的组成和结构，从而打破生态平衡，破坏了入侵地原有的生态景观，并且危害结果具有不可逆性，短时间难以得到治理。

1.2 危害人类健康

外来入侵物种能直接或间接威胁到人类健康，一些外来的物种本身就对人类和动植物的健康具有危害性。如恶性杂草豚草的花粉会引起人的过敏反应，导致呼吸系统疾病，每年在豚草开花期时，人群由于“过敏性花粉症”从而诱发枯草热哮喘、麻疹等。除此之外还有可能携带寄生虫、病毒、细菌等致病因子，如作为食材引进的福寿螺，如果食用可能会感染管圆线虫病。

1.3 对经济社会发展的危害

外来物种的入侵会造成巨大的经济损失，特别是对农林牧渔、交通等行业的直接破坏。经过入侵昆虫经济成本相关数据库估算，入侵昆虫每年在全球造成的损失至少为700亿美元。仅在美国，每年因入侵昆虫和病原体造成的作物和森林生产损失，估计近400亿美元。随着我国对外贸易和交往的日趋频繁，以及由于交通便利所带来的地域相对缩小，大量农业有害生物从外国传入，并对我国的农业生产和国土生态安全构成胁，我国已经成为遭受生物入侵危害最严重的国家之一。据统计，我国因外来物种入侵造成的经济损失每年达2000亿元，仅几种主要外来入侵物种每年造成的经济损失就达500亿元以上，国家每年用于防治入侵生物的费用约15亿元。据估计，紫茎泽兰对我国畜牧业造成的损失达9.89亿元/年。与外来入侵物种造成的直接损失相比，间接损失虽然不是显而易见的，但造成的负面影响也绝不容忽视。比如，水葫芦等影响水上交通航运，造成沼泽化现象，对周围的自然环境和气候产生不利变化。据不完全统计，湖南省农林外来入侵物种达134种，如空心莲子草、普通豚草、水葫芦等，对农业生产造成严重影响，造成农林产品产值和品质的下降，增加其成本。

湖南省位于北纬25°～30°之间，地处亚热带与温带的结合部，属亚热带季风气候，四季分明，光热充足，降水丰沛，雨热同期，气候条件比较优越。适宜的气候特点，多样的生态条件，适合各种外来生物生存和发展。衡阳市位于湖南省中南部，湘江中游，衡山之南，地处东经110°32′16″～113°16′32″，北纬26°07′05″～27°28′24″。衡阳市辖雁峰区、石鼓区、珠晖区、蒸湘区、南岳区5个市辖区，衡阳县、衡南县、衡山县、衡东县、祁东县5个县，代管耒阳市、常宁市2个县级市，总面积15310平方千米，境内有河长5千米或流域面积10平方千米以上的江河溪流393条。湘江是湖南省最大的河流，全长856千米，流域面积94660平方千米。境内流域面积在3000平方千米以上的湘江一级支流有舂陵水、蒸水、耒水、洣水。衡阳市属亚热带季风性湿润气候，气候温和，四季分明，雨量充沛，光温资源丰富，年平均气温17.9℃，年平均降雨1300mm。衡阳市是全国45个公路交通主枢纽城市之一，衡阳市境内有G4京港澳高速公路、G72泉南高速公路、S80衡邵高速公路、G4京港澳高速公路复线、南岳高速公路及东延线、衡炎高速公路，娄衡高速公路。国道有107国道、322国道，铁路线有京广铁路、京广高速铁路、湘桂铁路、湘桂高速铁路、吉衡铁路等，公路、铁路交织如网，运输业发达，使得外来入侵物种传入的概率增大。近年来入侵的外来生物呈现出传入数量增多、传入的频率加快、蔓延范围扩大、发生为害加剧、经济损失加重等趋势。因此，面对当前外来入侵生物的严峻形势，必须积极开展外来入侵生物的调查工作，为遏制其传入、扩散蔓延与危害，为解决外来生物入侵问题提供客观依据。

2. 研究现状

根据2021年5月生态环境部发布的《2020中国生态环境状况公报》显示，全国已发现660多种外来入侵物种。其中，71种对自然生态系统已造成或具有潜在威胁并被列入《中国外来入侵物种名单》。湖南省外来物种入侵种类逐年增多，2005年，全省发现外来入侵物种69种，2008年，已发现的入侵有害生物达97种，发生面积高达80万hm^2。2021年有外来入侵植物134种。外来入侵物种普遍具有适应性强、种子产量大、繁殖力强等特点，一旦入侵后，蔓延速度极快。例如，加拿大一枝黄花，2004年在长沙市首次发现，2007年就扩散至岳阳、湘潭、娄底、衡阳、邵阳等6市22个县，2008年扩散至湘西自治州、郴州、永州和张家界等12市，目前已扩散至全省14个市州。豚草，1987年在岳阳临湘发现零星分布，1988年扩散至临湘11个乡镇，目前已扩散至岳阳、常德、永州等3市12个县。福寿螺，原本只在郴州湘南地区可以越冬，现已扩散蔓延到衡阳、怀化、邵阳、株洲等地，对湘北岳阳、长沙也构成威胁。

随着全省外来物种入侵形势的日益严峻，加强外来物种管理的工作刻不容缓。我省相关部门先后出台了一系列法律法规，并采取了相应的措施，来规范外来物种的引进程序，用以保护当地的生态环境，遏制外来物种的泛滥。2011年5月，湖南省人民代表大会常务委员会审议通过了《湖南省外来物种管理条例》，并于2020年进行了修正，这是全国第一部外来物种管理地方性法规。湖南省编制《湖南省重点外来入侵物种调查报告》，制定了《湖南省农业重大生物灾害和外来生物入侵突发事件应急预案》，构建生物入侵突发事件预防与应急控制长效工作机制。目前，全省14个市州已成立了外来物种管理办公室，湖南省各级农业环保部门组织开展外来入侵物种现状调查，初步掌握加拿大一枝黄花、豚草、福寿螺、稻水象甲、空心莲子草、水葫芦等外来入侵物种入侵生境、分布区域和危害情况，为防治管理奠定了基础。

对于衡阳市来说，由于长期以来对外来物种的入侵缺乏足够的认识和系统的调查研究，在本研究开展之前，衡阳市仍不能提供较为权威的反映入侵本地的外来物种的目录资料，对衡阳市外来入侵物种调查仅见谢红艳于2008年1月—2009年12月对衡阳地区外来入侵植物进行的调查，初步确定衡阳市现有外来入侵植物39种，这些外来入侵植物隶属于20科。由于受调查范围限制，此次调查并不全面，无具体市、县详细数据，未鉴定危害等级，也未包括外来入侵动物，而且此次调查距今已15年时间，不能准确体现外来入侵物种的现状。随着交通运输业的不断发展，为外来入侵物种的扩散提供条件。因此，有必要对衡阳境内主要外来入侵物种、扩散方式、危害性质、分布区域与面积、危害程度、农业生产直接经济损失、对生物多样性危害的生态损失等进行普查，为科学防治提供准确数据。

3. 研究内容及方法

本研究为在衡阳市实施外来入侵物种调查，技术目标为构建衡阳市外来入侵物种区域分布特征图，并结合重点外来入侵物种（3 ~ 4种）的分布及其亲缘关系，明确其入侵途径和机制。调查并筛选3 ~ 4种重点外来入侵物种的主要致病微生物和天敌，从环境友好角度对衡阳地区重点外来入侵物种进行综合防治技术调查和研究，从技术上解决衡阳市外来入侵物种的危害问题。本研究第一部分是明确外来入侵物种分布。

3.1 主要研究内容

（1）构建衡阳市外来入侵物种区域分布特征图

通过调查确认衡阳市范围内农业外来入侵物种种类、分布地点、危害面积等，构建衡阳市外来入侵物种区域分布特征图。统计外来入侵物种丰富度（invasive alien species richness），外来入侵物种密度（density of invasivealien species）分布格局图。依据外来入侵种的生物学和生态学特性、入侵范围和所产生的危害，统计衡阳市外来入侵物种分等级数据，将其划分为：1级，恶性入侵植物；2级，严重入侵植物；3级，局部入侵植物；4级，一般入侵植物；5级，有待观察类；结合1 ~ 2级外来入侵物种（3 ~ 4种）的分布及其亲缘关系，深入研究其入侵途径和机制。

（2）衡阳市辖区内外来入侵物种调查报告

对衡阳市外来入侵植物进行全面的野外调查，以县（县级市/区）级行政区划为调查单元，以路线踏查的方式对交通道路周围、居民区、农田、建筑工地、撂荒地、河滩、车站、码头、口岸等各种生境进行调查和采集，记录物种名称、生境、GPS信息、多度信息并拍摄照片，对有文献记载的种类丰富的区域、曾发现外来植物新纪录的区域及对外交流较频繁的区域进行多次调查，并注意观察是否有新的入侵种，同时应用典型取样法估测外来入侵植物在区域内的个体数量和在群落中的相对多度，掌握区域内外来入侵植物的分布状况和实际危害程度。综合分析衡阳市境内外来入侵物种的种类、扩散方式、危害性质、分布区域与面积、危害程度、农业生产直接经济损失、对生物多样性危害的生态损失等，提交衡阳市外来入侵物种普查报告。

（3）衡阳市重点外来入侵物种经济与生态影响评估

根据在野外调查过程中所发现的外来入侵物种的生长状况、分布范围、生物学特性等，并参照相应评价体系，确定危害等级，将外来入侵物种分为危害严重、中等和较轻三类。严重等级为已经造成严重危害、分布范围较广，形成单优群落，对生态系统及农业生产造成严重威胁，造成严重经济损失；中等危害程度的植物，不能形成单优群落，生态位比较狭窄，仅在某一特定地域内形成优势群落；危害程度较轻的种类，植物个体零星分布，对本地生态系统暂时未造成明显危害。对重点外来入侵物种经济与生态影响进行评估，提交评估报告。

3.2 技术路线

（1）确定调查范围及重点区域

主要完成衡阳市雁峰区、石鼓区、珠晖区、蒸湘区、南岳区等5个市辖区，衡南县、衡阳县、衡山县、衡东县、祁东县、耒阳市、常宁市等7个县（市）内外来入侵物种调查统计，包括农田、果园、森林、河流等涉及农、林、牧、渔业生产的地点，重点加强对辖区内高速公路、国道、铁路线等交通主干道两面侧、湘江流域等易传入地的调查。

（2）调查对象及内容

本次调查对象包括加拿大一枝黄花、空心莲子草、大薸、水葫芦、福寿螺等农业危险性外来入侵生物，具体包括：

① 入侵生物危害寄主调查

详细记录外来入侵动物危害的寄主植物种类，包括农作物、牧草、乔木、灌木、观赏植物等。

② 入侵生物分布地点统计

对发现的外来入侵物种记录到乡（镇），标注生境类型。

③ 入侵生物发生、危害面积统计

调查记录当地基本土地状况及外来生物的分布情形。

④ 入侵生物来源调查

调查了解并记录外来入侵生物的传入地、传入时间、传入途径及方式等。

⑤ 入侵生物天敌调查

调查记录当地是否存在外来入侵生物的天敌、天敌种类和名称、天敌是否专一寄生外来入侵生物等。

⑥ 入侵生物对入侵地的影响调查

调查外来入侵生物对当地经济、生态、社会等的影响方式和影响程度。

⑦ 防治措施调查

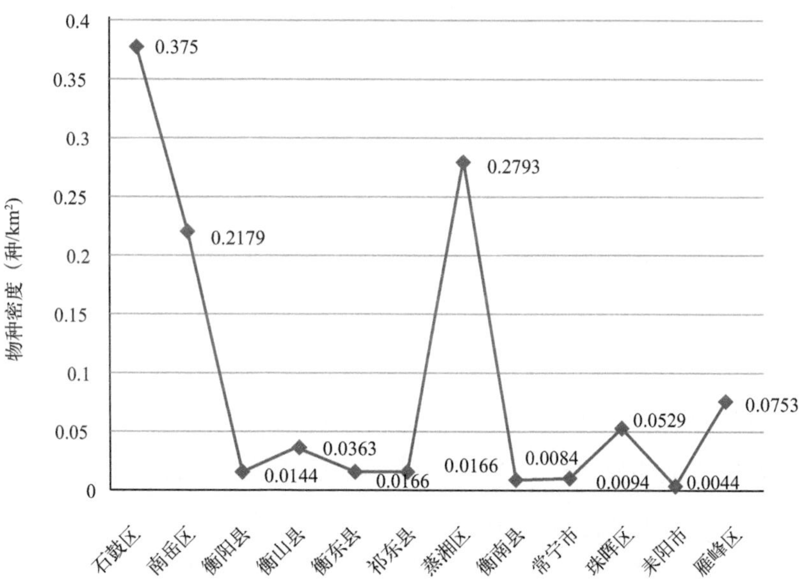

图1　衡阳市各县（市、区）外来入侵物种密度

调查记录入侵地已行或现行的防治措施，包括人工的、机械的、药剂的、替代的、生物防治及综合防治等，及上述措施的实施成本和实施效果。

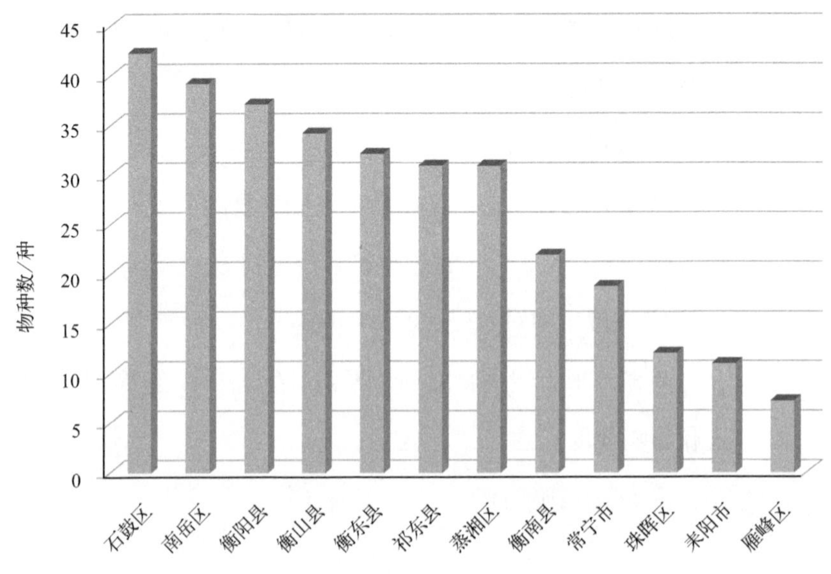

图2　衡阳市各县（市、区）外来入侵物种数量

⑧ 入侵等级评估

对衡阳市外来入侵植物现状进行全面调查，准确鉴定每一个物种。对外来入侵植物进行入侵等级划分。根据评估分值将衡阳市外来入侵植物划分为5级：1级（81 ~ 100分，严重危害类），2级（61 ~ 80分，一般危害类），3级（30 ~ 60分且危害特征评分≥15分，潜在危害类），4级（30 ~ 60分且危害特征评分<15分，一般外来类），5级（30分以下，有待观察类），具体标准见表1。

（3）调查方法

① 文献调研

综合收集各种文献资料，整理分析所列调查对象的分布、发生危害历史情况、已有的防控技术等信息。对发现历史长、发生范围大，已有较完整资料的常发性外来入侵生物，可采取文献调研为主，综合其他调查方法的原则进行普查。

② 走访调查

在12个区域内通过有目的对当地对实际情况全面的经验丰富的群众、技术人员、有关专家、检疫工作人员、果农、菜农等进行走访咨询，了解当地外来有害生物的种类、分布、危害性及其传入时间、来源、方式等。

③ 野外调查

项目组成员于2018年5月至2022年8月分批对12个区域进行初步调查，采取的调查方法如下。

（a）踏查：按照设计的调查路线，进行踏查。当发现有入侵物种时，及时采集标本进行鉴定，如确定是有害生物时，设立标准地或样方进行详查。

（b）标准地调查：每块标准地或样方调查株数为50株，标准地累计调查面积为调查面积的5%；植物危害状况调查抽样率为5%。详细记录有害生物的种类、寄主、虫口密度和植物受害程度，拍摄相关有害生物的生物学或危害状的照片，采集标本，并将有关数据填入标准地调查表。

表1 衡阳市外来植物入侵等级评估标准

评估因素 Assessment factors	分值 Scores		
	1 ~ 10	10 ~ 20	25
县级单元分布范围 Distribution scale by county	有50%或以下的县级单元有分布	有不到80%的县级单元有分布，个体数有上升趋势	有超过80%的县级单元有分布，个体数有明显上升趋势
相对多度 Relative abundance	该植物在群落中少见，相对盖度小于5%	该植物在群落中较常见，相对盖度小于15%	该植物在群落中常见，相对盖度大于15%
对经济的危害 Economic effect	对经济无直接影响、影响很小或影响不明确；对经济作物或牲畜无直接、明显的影响；不具有毒性或其他侵害性，不对周边群众产生危害	对经济造成一定损失但影响有限；对经济作物或牲畜有直接或间接影响，但影响不大；具有微弱毒性或其他侵害性，对周边群众易造成麻烦	对经济造成不可忽略的损失；对经济作物或牲畜有直接的、严重的影响；具毒性或其他侵害性，对周边群众造成危害
对生态的危害 Ecological impact	对自然生态无直接影响、影响很小或影响不明确；对野生植物或动物无直接、明显的影响，不分泌化感物质、不具缠绕、寄生、覆盖等侵害性；或因总体数量较少，竞争性不强，不能造成大范围危害	对自然生态造成一定影响但影响有限；对野生植物或动物有直接或间接影响，有微弱毒性或其他侵害性，但影响不大；或总体数量有上升趋势，竞争性较强，造成局部危害	对自然生态造成直接危害；对野生植物或动物有直接危害;分泌化感物质，或具缠绕、寄生、覆盖等特性，长期易造成生物多样性损失；或总体数量巨大或有明显上升趋势,竞争性极强，造成全面危害

注：1级（81 ~ 100分，严重危害类），2级（61 ~ 80分，一般危害类），3级（30 ~ 60分且危害特征评分≥15分，潜在危害类），4级（30 ~ 60分且危害特征评分<15分，一般外来类），5级（30分以下，有待观察类）

4. 研究结果

经过近5年的调查统计，基于《中国入侵植物名录》《关于发布中国第一批外来入侵物种名单的通知》《关于发布中国第二批外来入侵物种名单的通知》，确定衡阳市雁峰区、石鼓区、珠晖区、蒸湘区、南岳区等5个市辖区，衡南县、衡阳县、衡山县、衡东县、祁东县、耒阳市、常宁市等7个县（市）共有外来入侵植物70种，隶属于29科，其中1级入侵类13种，2级入侵类19种，3级入侵类18种，4级入侵类16种，5级入侵类4种；动物2种，隶属于2科，全部为1级入侵类，具体结果见表2。

从科的组成来看，以菊科（Asteraceae）种数最多，为18种，占总种数的25.71%；其次为苋科（Amaranthaceae），8种；大戟科（Euphorbiaceae）和豆科（Fabaceae）分别为7种和6种；茄科（Solanaceae）和旋花科（Convolvulaceae），均为4种；落葵科（Basellaceae）2种；以上7科占总数的64.28%，构成了入侵植物的主体；其它科均只有1种。动物为2科，均只有1种。

4.1 外来入侵物种的原产地分析

对衡阳市外来入侵物种原产地分析发现，原产于美洲的种类有57种，占总种数的75.0%，原产于非洲的有5种，占总数的6.6%，原产于亚洲的有10种，占总数的13.2%，原产于欧洲的有4种，占总数的5.2%（若某物种原产于多个洲，则对其进行重复计数）。以上分析可知，衡阳市的外来入侵物种，美洲起源的占绝大多数，可能是由于衡阳市的气候与美洲地区相近，美洲的物种能适应衡阳市的生长环境，因此，对于动植物的引入，要特别留意美洲地区的物种。

4.2 地理分布

衡阳市各县（市、区）外来入侵物种分布情况见图1、图2、表2、表3，其中，分布达10个以上县（市、区）的物种有6种，如垂序商陆（*Phytolacca americana* L.）、喜旱莲子草（*Alternanthera philoxeroides*）等；分布达8 ~ 9个县（市、区）的物种有8种，如刺苋（*Amaranthus spinosus*）、斑地锦（*Euphorbia maculata* L.）等；分布达6 ~ 7个县（市、区）的物种有7种，如土荆芥（*Dysphania ambrosioides*）、百日菊（*Zinnia elegans*）等；分布达4 ~ 5个县（市、区）的物种有17种，如刺槐（*Robinia pseudoacacia*）、豚草（*Ambrosia artemisiifolia* L.）等；分布达2 ~ 3个县（市、区）的物种有19种，如圆叶牵牛（*Ipomoea purpurea*）、小蓬草（*Erigeron canadensis*）等；只分布于1个县（市、区）的物种有15种，如通奶草（*Euphorbia hypericifolia* L.）、黄秋英（*Cosmos sulphureus* Cav.）等。衡阳市各县（市、区）外来入侵物种数量见图2，从地区内物种分布数量来看，物种数排名前三的地区依次为石鼓区（42种），南岳区（39种），衡阳县（37种）；物种数最少的为雁峰区（7种）。从物种密度来看，最高的三个区依次为石鼓区（0.3750种/km^2），蒸湘区（0.2793种/km^2），南岳区（0.2179种/km^2）；最低的为耒阳市（0.0044种/km^2）。无论是从种类数还是物种密度来看，石鼓区外来入侵物种形势最为严峻，可能由于其境内有两条高速公路，两条大的河流和一条铁路，为物种传播和扩散提供了便利。南岳区由于有国家级风景名胜区，大量的游客也为物种传播提供了条件，总体呈现北多南少的趋势。

4.3 危害等级划分

入侵等级的划分具有非常重要的意义，这是开展防治工作的基础，对当地因地制宜制定入侵物种的管理对策具有指导意义。发现1级入侵种要报告，且必须清除，发现2级入侵种要报告，且不允许栽种，发现3级入侵种要报告，且不鼓励栽种，发现4 ~ 5级入侵种要做好记录，观察发展趋势。

依据外来入侵物种在衡阳市的危害程度对其进行入侵等级划分（表1）。将衡阳市外来入侵植物划分为5级。1级：严重危害类，已经对经济或生态环境造成重大损失与严重影响，该群落在当地非常常见。2级：一般危害类，已经对经济和生态环境造成较大损失或明显影响，该群落在当地较常见。3级：潜在危害类，对经济和生态环境造成的损失或影响较轻，该群落在当地不常见。4级：一般外来类，对经济和生态环境造成的损失或影响不明显，该群落在当地少见。5级：有待观察类，未对经济和生态环境造成损失或影响，该群落在当地非常少见，没有明显的扩张趋势。结果表明，在衡阳市当地发现1级入侵类13种，如刺苋（*Amaranthus spinosus*）、藿香蓟（*Ageratum conyzoides* L.）；2级入侵类19种，如刺槐（*Robinia pseudoacacia*）、绿穗苋（*Amaranthus hybridus*）；3级入侵类18种，如阿拉伯婆婆纳（*Veronica persica*）、齿裂大戟（*Euphorbia dentata*）；4级入侵类17种，如丝毛雀稗（*Paspalum urvillei*）、韭莲（*Zephyranthes carinata*）；5级入侵类3种，如落葵（*Basella alba*）、千日红（*Gomphrena globosa*）；动物2种都为1级入侵。其中1级、2级入侵已占总数的45.71%，对当地生产生活造成明显危害，应采取相应的防治措施。

4.4 结果与结论

通过调查，确认衡阳市目前外来入侵植物70种，其中新增入侵植物50种，由于物种入侵是一个动态的过程，有些以前报道的物种，在调查中未被发现，也可能存在还未被发现的物种，需要在后续调查中加以完善。从入侵途径来看，主要由交通运输活动带入。调查发现，高速公路出入口，国省道干线沿线分布最多，应加强防控。另外对外来入侵物种界定还不够清晰的，如无根藤，（*Cassytha filiformis* L.）在衡阳市一些地区有大量分布，可寄生缠绕攀附于寄主植物上，对寄主有害，但其原产地为中国，故未纳入本次统计名单。

针对衡阳市外来植物入侵现状，建议健全外来入侵物种管理的法律法规。衡阳市涉及外来入侵物种管理的规定主要有《衡阳市农业重大有害生物及外来生物入侵突发事件应急预案》《衡阳市防止林业外来物种入侵办法》，还没有整体层面防控外来入侵物种的规定，只是侧重于农、林业中危害严重的物种。应根据2020年修正的《湖南省外来物种管理条例》制定适合当地的管理办法，对外来入侵的动物、植物、微生物的引入、防控、生态修复、责任划分等作出明确规定。构建市级数据平台，在早期预警、风险评估、影响监测、防治手段等方面，加强农业、林业、生态环境等部门间的信息共享。加强对公众的宣传教育，调查中发现很多外来入侵物种是公众出于观赏等目的无意间引进的，如万寿菊（*Tagetes erecta*）、千日红（*Gomphrena globosa*）等，可以利用当今的融媒体技术等宣传手段加强科普教育，提高公众的防范意识。

表2 衡阳市外来入侵物种名录

序号	种名	科名	原产地	分布区域	危害等级
1	刺苋 *Amaranthus spinosus*	苋科 Amaranthaceae	热带美洲	衡南县、耒阳市、衡东县、衡山县、南岳区、衡阳县、石鼓区、珠晖区、蒸湘区	1级
2	垂序商陆 *Phytolacca americana* L.	商陆科 Phytolaccaceae	北美洲	衡南县、耒阳市、常宁市、祁东县、衡东县、衡山县、南岳区、衡阳县、雁峰区、石鼓区、珠晖区、蒸湘区	2级
3	藿香蓟 *Ageratum conyzoides* L.	菊科 Asteraceae	热带美洲	衡南县、常宁市、祁东县、衡东县、衡山县、南岳区、衡阳县、雁峰区、石鼓区、珠晖区、蒸湘区	1级
4	牵牛 *Ipomoea nil*	旋花科 Convolvulaceae	南美洲	衡南县、祁东县、衡东县、南岳区、衡阳县、雁峰区、石鼓区、珠晖区、蒸湘区	2级
5	喜旱莲子草 *Alternanthera philoxeroides* (Mart.) Griseb.	苋科 Amaranthaceae	巴西	衡南县、耒阳市、常宁市、祁东县、衡东县、衡山县、南岳区、衡阳县、雁峰区、石鼓区、珠晖区、蒸湘区	1级
6	苏门白酒草 *Erigeron sumatrensis*	菊科 Asteraceae	南美洲	衡南县、常宁市、祁东县、衡东县、衡山县、衡阳县、石鼓区、蒸湘区	1级
7	豚草 *Ambrosia artemisiifolia* L.	菊科 Asteraceae	中美洲和北美洲	衡南县、衡阳县、石鼓区、蒸湘区	1级
8	斑地锦 *Euphorbia maculata* L.	大戟科 Euphorbiaceae	北美洲	衡南县、常宁市、祁东县、衡东县、衡山县、南岳区、衡阳县、石鼓区、蒸湘区	3级

续表

序号	种名	科名	原产地	分布区域	危害等级
9	飞扬草 *Euphorbia hirta* L.	大戟科 Euphorbiaceae	热带美洲	衡南县、耒阳市、常宁市、祁东县、衡东县、衡阳县、雁峰区、石鼓区、蒸湘区	3 级
10	毛酸浆 *Physalis philadelphica Lamarck*	茄科 Solanaceae	墨西哥	衡南县、祁东县、衡东县、衡山县、石鼓区	4 级
11	大狼杷草 *Bidens frondosa* L.	菊科 Asteraceae	北美洲	衡南县、耒阳市、常宁市、祁东县、衡东县、衡山县、南岳区、衡阳县、石鼓区、蒸湘区	1 级
12	通奶草 *Euphorbia hypericifolia* L.	大戟科 Euphorbiaceae	美洲	衡南县	3 级
13	紫茉莉 *Mirabilis jalapa* L.	紫茉莉科 Nyctaginaceae	热带美洲	衡南县、常宁市、祁东县、衡东县、衡山县、南岳区、衡阳县、雁峰区、石鼓区、珠晖区、蒸湘区	2 级
14	苘麻 *Abutilon theophrasti*	锦葵科 Malvaceae	印度	衡南县、衡阳县	3 级
15	反枝苋 *Amaranthus retroflexus*	苋科 Amaranthaceae	美洲	衡南县、常宁市、祁东县、衡东县、衡山县、南岳区、衡阳县、石鼓区、蒸湘区	1 级
16	一年蓬 *Erigeron annuus*	菊科 Asteraceae	北美洲	衡南县、耒阳市、常宁市、祁东县、衡东县、衡山县、南岳区、石鼓区、蒸湘区	1 级
17	凤眼莲 *Eichhornia crassipes*	雨久花科 Pontederiaceae	巴西	衡南县、衡阳县、常宁市、祁东县、衡东县、衡山县、南岳区、石鼓区、蒸湘区、耒阳市、珠晖区	1 级

续表

序号	种名	科名	原产地	分布区域	危害等级
18	黄秋英 *Cosmos sulphureus* Cav.	菊科 Asteraceae	墨西哥	耒阳市	3 级
19	土荆芥 *Dysphania ambrosioides*	藜科 Chenopodiaceae	热带美洲	耒阳市、祁东县、衡东县、衡山县、南岳区、衡阳县、石鼓区	1 级
20	鳢肠 *Eclipta prostrata*	菊科 Asteraceae	美洲	耒阳市、衡东县、衡山县、衡阳县	4 级
21	剑叶金鸡菊 *Coreopsis lanceolata*	菊科 Asteraceae	北美洲	耒阳市、衡山县、蒸湘区、珠晖区	3 级
22	小蓬草 *Erigeron canadensis*	菊科 Asteraceae	北美洲	常宁市、石鼓区	1 级
23	珊瑚豆 *Solanum pseudocapsicum* var. *diflorum*	茄科 Solanaceae	巴西	常宁市、衡山县、祁东县	4 级
24	阔叶丰花草 *Spermacoce alata*	茜草科 Rubiaceae	南美洲	常宁市	2 级
25	圆叶牵牛 *Ipomoea purpurea*	旋花科 Convolvulaceae	美洲	常宁市、衡南县、石鼓区	2 级
26	皱果苋 *Amaranthus viridis*	苋科 Amaranthaceae	南美洲	常宁市、祁东县、衡东县、南岳区、衡阳县、石鼓区、蒸湘区	2 级
27	野茼蒿 *Crassocephalum crepidioides*	菊科 Asteraceae	非洲	常宁市、祁东县、衡山县、南岳区	3 级
28	凤仙花 *Impatiens balsamina*	凤仙花科 Balsaminaceae	南亚至东南亚	常宁市	4 级

续表

序号	种名	科名	原产地	分布区域	危害等级
29	青葙 *Celosia argentea*	苋科 Amaranthaceae	印度	祁东县、衡东县、衡阳县、石鼓区	2 级
30	蓖麻 *Ricinus communis*	大戟科 Euphorbiaceae	东非	祁东县	2 级
31	刺槐 *Robinia pseudoacacia*	豆科 Fabaceae	北美洲	祁东县、衡东县、南岳区、衡阳县、石鼓区	2 级
32	白花草木犀 *Melilotus albus*	豆科 Fabaceae	西亚至南欧	祁东县	3 级
33	落葵薯 *Anredera cordifolia*	落葵科 Basellaceae	南美洲	祁东县、南岳区、石鼓区、蒸湘区	1 级
34	苦蘵 *Physalis angulata*	茄科 Solanaceae	南美洲	祁东县、南岳区、衡阳县、石鼓区、蒸湘区	3 级
35	红花酢浆草 *Oxalis corymbosa*	酢浆草科 Oxalidaceae	热带美洲	祁东县、石鼓区	4 级
36	秋英 *Cosmos bipinnatus*	菊科 Asteraceae	墨西哥和美国西南部	祁东县、衡山县、衡阳县、蒸湘区	5 级
37	喀西茄 *Solanum myriacanthum*	茄科 Solanaceae	巴西	祁东县、南岳区	2 级
38	百日菊 *Zinnia elegans*	菊科 Asteraceae	墨西哥	祁东县、衡山县、南岳区、石鼓区、蒸湘区、珠晖区	4 级
39	匍匐大戟 *Euphorbia prostrata*	大戟科 Euphorbiaceae	美洲	祁东县、衡山县、南岳区、衡阳县、石鼓区、蒸湘区	4 级

续表

序号	种名	科名	原产地	分布区域	危害等级
40	野胡萝卜 *Daucus carota*	伞形科 Umbelliferae	欧洲	衡东县、南岳区、石鼓区	3 级
41	紫穗槐 *Amorpha fruticosa*	豆科 Fabaceae	美国东北部及东南部	衡东县、衡阳县、蒸湘区	4 级
42	钻叶紫菀 *Aster subulatus*	菊科 Asteraceae	北美洲	衡东县、衡山县、南岳区、衡阳县、石鼓区、蒸湘区	2 级
43	草木犀 *Melilotus officinalis*	豆科 Fabaceae	西亚至南欧	衡东县、南岳区、石鼓区	3 级
44	紫苜蓿 *Medicago sativa*	豆科 Fabaceae	西亚	衡东县	4 级
45	菊芋 *Helianthus tuberosus* L.	菊科 Asteraceae	北美洲	衡东县、衡山县、南岳区、石鼓区	4 级
46	粉绿狐尾藻 *Myriophyllum aquaticum*	小二仙草科 Haloragaceae	南美洲	衡东县、南岳区	3 级
47	韭莲 *Zephyranthes carinata*	石蒜科 Amaryllidaceae	墨西哥	衡东县	4 级
48	老鸦谷 *Amaranthus cruentus*	苋科 Amaranthaceae	中美洲	衡东县	3 级
49	大花金鸡菊 *Coreopsis grandiflora*	菊科 Asteraceae	美洲	衡山县、南岳区、石鼓区、蒸湘区、珠晖区	4 级
50	苦味叶下珠 *Phyllanthus amarus*	大戟科 Euphorbiaceae	美洲	祁东县、衡山县、南岳区、衡阳县、石鼓区、蒸湘区	2 级

续表

序号	种名	科名	原产地	分布区域	危害等级
51	月见草 *Oenothera biennis*	柳叶菜科 Onagraceae	北美洲东部	衡山县	2 级
52	绿穗苋 *Amaranthus hybridus*	苋科 Amaranthaceae	美洲	衡山县	2 级
53	齿裂大戟 *Euphorbia dentata*	大戟科 Euphorbiaceae	北美洲	衡山县、衡阳县	3 级
54	三裂叶薯 *Ipomoea triloba*	旋花科 Convolvulaceae	西印度群岛	衡山县、衡阳县、石鼓区	2 级
55	茑萝 *Ipomoea quamoclit*	旋花科 Convolvulaceae	热带美洲	衡山县、南岳区、石鼓区	4 级
56	土人参 *Talinum paniculatum*	马齿苋科 Portulacaceae	热带美洲	衡山县、南岳区、石鼓区	4 级
57	长春花 *Catharanthus roseus*	夹竹桃科 Apocynaceae	非洲东部	蒸湘区、衡山县	3 级
58	鬼针草 *Bidens pilosa*	菊科 Asteraceae	美洲	衡山县、南岳区、衡阳县、石鼓区、蒸湘区、珠晖区	1 级
59	万寿菊 *Tagetes erecta*	菊科 Asteraceae	北美洲	南岳区、衡阳县、石鼓区、蒸湘区、雁峰区	4 级
60	千日红 *Gomphrena globosa*	苋科 Amaranthaceae	热带美洲	南岳区	5 级
61	球序卷耳 *Cerastium glomeratum*	石竹科 Caryophyllaceae	欧洲	南岳区、石鼓区	3 级

续表

序号	种名	科名	原产地	分布区域	危害等级
62	野老鹳草 *Geranium carolinianum*	牻牛儿苗科 Geraniaceae	北美洲	南岳区	2级
63	五叶地锦 *Parthenocissus quinquefolia*	葡萄科 Vitaceae	北美东部	南岳区、衡阳县、蒸湘区	3级
64	阿拉伯婆婆纳 *Veronica persica*	玄参科 Scrophulariaceae	西亚	南岳区、石鼓区、蒸湘区	3级
65	丝毛雀稗 *Paspalum urvillei*	禾本科 Gramineae	南美洲	衡阳县	4级
66	北美车前 *Plantago virginica*	车前科 Plantaginaceae	北美洲	石鼓区、衡阳县、衡山县、衡南县	2级
67	马缨丹 *Lantana camara*	马鞭草科 Verbenaceae	热带美洲	石鼓区、南岳区、衡阳县	2级
68	白车轴草 *Trifolium repens*	豆科 Fabaceae	北非、中亚、西亚和欧洲	石鼓区、衡阳县、衡南县、衡东县	2级
69	落葵 *Basella alba*	落葵科 Basellaceae	美洲热带、非洲及亚洲热带	衡东县、南岳区	5级
70	矢车菊 *Centaurea cyanus*	菊科 Asteraceae	欧洲	衡阳县	5级
71	草地贪夜蛾 *Spodoptera frugiperda*	夜蛾科 Noctuidae	热带美洲	衡南县、常宁市、耒阳市、衡阳县、衡东县、祁东县、衡山县、珠晖区、蒸湘区	1级
72	福寿螺 *Pomacea canaliculata*	瓶螺科 Ampullariidae	中美洲	衡南县、衡东县、祁东县、衡山县、衡阳县	1级

表 3　衡阳市各县（市）区外来入侵物种数量统计表

县（市）区	石鼓区	南岳区	衡阳县	衡山县	衡东县	祁东县	蒸湘区	衡南县	常宁市	珠晖区	耒阳市	雁峰区
物种数 / 种	42	39	37	34	32	31	31	22	19	12	11	7
面积 /km^2	112	179	2568	936	1926	1871	111	2621	2014	227	2502	93
物种密度 / 种·km^{-2}	0.3750	0.2179	0.0144	0.0363	0.0166	0.0166	0.2793	0.0084	0.0094	0.0529	0.0044	0.0753

表 4　衡阳市外来入侵物种县（市）区统计表

序号	物种 县（市）区	刺苋 *Amaranthus spinosus*	垂序商陆 *Phytolacca americana* L.	藿香蓟 *Ageratum conyzoides* L.	牵牛 *Ipomoea nil*	喜旱莲子草 *Alternanthera philoxeroides*（Mart.）Griseb.	苏门白酒草 *Erigeron sumatrensis*	豚草 *Ambrosia artemisiifolia* L.	斑地锦 *Euphorbia maculata* L.	飞扬草 *Euphorbia hirta* L.
1	蒸湘区	√	√	√	√	√	√	√	√	√
2	石鼓区	√	√	√	√	√	√	√	√	√
3	雁峰区		√	√	√	√				√
4	珠晖区	√	√	√	√	√				
5	南岳区	√	√	√	√	√			√	
6	常宁市		√	√		√	√		√	√
7	耒阳市	√	√			√				√
8	衡东县	√	√	√	√	√	√			√
9	衡南县	√	√	√	√	√	√	√	√	√
10	衡山县	√	√	√		√	√		√	
11	衡阳县	√	√	√	√	√	√	√	√	√
12	祁东县		√	√	√	√	√		√	√

续表

序号	物种 / 县(市)区	毛酸浆 *Physalis philadelphic* a.	大狼杷草 *Bidens frondosa* L.	通奶草 *Euphorbia hypericifolia* L.	紫茉莉 *Mirabilis jalapa* L.	苘麻 *Abutilon theophrasti*	反枝苋 *Amaranthus retroflexus*	一年蓬 *Erigeron annuus*	凤眼莲 *Eichhornia crassipes*	黄秋英 *Cosmos sulphureus* Cav.
1	蒸湘区		√		√		√	√	√	
2	石鼓区	√	√		√		√	√	√	
3	雁峰区				√					
4	珠晖区				√				√	
5	南岳区		√		√		√	√	√	
6	常宁市		√		√		√	√	√	
7	耒阳市		√					√	√	√
8	衡东县	√	√		√		√	√	√	
9	衡南县	√	√	√	√	√	√	√	√	
10	衡山县	√	√		√		√	√	√	
11	衡阳县		√		√	√	√		√	
12	祁东县	√	√		√		√	√	√	

续表

序号	物种 县（市）区	土荆芥 *Dysphania ambrosioides*	鳢肠 *Eclipta prostrata*	剑叶金鸡菊 *Coreopsis lanceolata*	小蓬草 *Erigeron canadensis*	珊瑚豆 *Solanum pseudocapsicum* var.*diflorum*	阔叶丰花草 *Spermacoce alata*	圆叶牵牛 *Ipomoea purpurea*	皱果苋 *Amaranthus viridis*	野茼蒿 *Crassocephalum crepidioides*
1	蒸湘区			√					√	
2	石鼓区	√			√			√	√	
3	雁峰区									
4	珠晖区			√						
5	南岳区	√							√	√
6	常宁市				√	√	√	√	√	√
7	耒阳市	√	√	√						
8	衡东县	√	√						√	
9	衡南县							√		
10	衡山县	√	√	√		√				√
11	衡阳县	√	√						√	
12	祁东县	√				√			√	√

续表

序号	物种 / 县(市)区	凤仙花 *Impatiens balsamina*	青葙 *Celosia argentea*	蓖麻 *Ricinus communis*	刺槐 *Robinia pseudoacacia*	白花草木犀 *Melilotus albus*	落葵薯 *Anredera cordifolia*	苦蘵 *Physalis angulata*	红花酢浆草 *Oxalis corymbosa*	秋英 *Cosmos bipinnatus*
1	蒸湘区						√	√		√
2	石鼓区		√		√		√	√	√	
3	雁峰区									
4	珠晖区									
5	南岳区				√		√			
6	常宁市	√						√		
7	耒阳市									
8	衡东县		√		√					
9	衡南县									
10	衡山县									√
11	衡阳县		√		√			√		√
12	祁东县		√	√	√	√	√	√	√	√

续表

序号	物种 / 县（市）区	喀西茄 *Solanum myriacanthum*	百日菊 *Zinnia elegans*	匍匐大戟 *Euphorbia prostrata*	野胡萝卜 *Daucus carota*	紫穗槐 *Amorpha fruticosa*	钻叶紫菀 *Aster subulatus*	草木犀 *Melilotus officinalis*	紫苜蓿 *Medicago sativa*	菊芋 *Helianthus tuberosus* L.
1	蒸湘区		√	√		√	√			√
2	石鼓区		√	√	√		√	√		
3	雁峰区									
4	珠晖区		√							
5	南岳区	√	√	√	√		√	√		√
6	常宁市									
7	耒阳市									
8	衡东县				√	√	√	√	√	√
9	衡南县									
10	衡山县		√	√			√			√
11	衡阳县			√		√	√			
12	祁东县	√	√	√						

续表

序号	县(市)区 \ 物种	粉绿狐尾藻 *Myriophyllum aquaticum*	韭莲 *Zephyranthes carinata*	老鸦谷 *Amaranthus cruentus*	大花金鸡菊 *Coreopsis grandiflora*	苦味叶下珠 *Phyllanthus amarus*	月见草 *Oenothera biennis*	绿穗苋 *Amaranthus hybridus*	齿裂大戟 *Euphorbia dentata*	三裂叶薯 *Ipomoea triloba*
1	蒸湘区				√	√				
2	石鼓区				√	√				√
3	雁峰区									
4	珠晖区				√					
5	南岳区	√			√	√				
6	常宁市									
7	耒阳市									
8	衡东县	√	√	√						
9	衡南县									
10	衡山县				√	√	√	√	√	√
11	衡阳县					√			√	√
12	祁东县					√				

续表

序号	物种 / 县（市）区	茑萝 *Ipomoea quamoclit*	土人参 *Talinum paniculatum*	长春花 *Catharanthus roseus*	鬼针草 *Bidens pilosa*	万寿菊 *Tagetes erecta*	千日红 *Gomphrena globosa*	球序卷耳 *Cerastium glomeratum*	野老鹳草 *Geranium carolinianum*	五叶地锦 *Parthenocissus quinquefolia*
1	蒸湘区			√	√	√				√
2	石鼓区	√	√		√	√		√		
3	雁峰区					√				
4	珠晖区				√					
5	南岳区	√	√		√	√	√	√	√	√
6	常宁市									
7	耒阳市									
8	衡东县									
9	衡南县									
10	衡山县	√	√	√	√					
11	衡阳县					√				√
12	祁东县									

续表

序号	物种 县(市)区	阿拉伯婆婆纳 *Veronica persica*	北美车前 *Plantago virginica*	丝毛雀稗 *Paspalum urvillei*	马缨丹 *Lantana camara*	白车轴草 *Trifolium repens*	落葵 *Basella alba*	矢车菊 *Centaurea cyanus*	草地贪夜蛾 *Spodoptera frugiperda*	福寿螺 *Pomacea canaliculata*
1	蒸湘区	√							√	
2	石鼓区	√	√		√	√				
3	雁峰区									
4	珠晖区								√	
5	南岳区	√			√		√			
6	常宁市								√	
7	耒阳市								√	
8	衡东县					√	√		√	√
9	衡南县		√			√			√	√
10	衡山县		√						√	√
11	衡阳县		√	√	√	√		√	√	√
12	祁东县								√	√

4.5 入侵物种简介

刺苋

Amaranthus spinosus

一年生草本，高30 ~ 100厘米；茎直立，圆柱形或钝棱形，多分枝，有纵条纹，绿色或带紫色，无毛或稍有柔毛。叶片菱状卵形或卵状披针形，长3 ~ 12厘米，宽1 ~ 5.5厘米，顶端圆钝，具微凸头，基部楔形，全缘，无毛或幼时沿叶脉稍有柔毛；叶柄长1 ~ 8厘米，无毛，在其旁有2刺，刺长5 ~ 10毫米。圆锥花序腋生及顶生，长3 ~ 25厘米，下部顶生花穗常全部为雄花；苞片在腋生花簇及顶生花穗的基部者变成尖锐直刺，长5 ~ 15毫米，在顶生花穗的上部者狭披针形，长1.5毫米，顶端急尖，具凸尖，中脉绿色；小苞片狭披针形，长约1.5毫米；花被片绿色，顶端急尖，具凸尖，边缘透明，中脉绿色或带紫色，在雄花者矩圆形，长2 ~ 2.5毫米，在雌花者矩圆状匙形，长1.5毫米；雄蕊花丝略和花被片等长或较短；柱头3，有时2。胞果矩圆形，长约1 ~ 1.2毫米，在中部以下不规则横裂，包裹在宿存花被片内。种子近球形，直径约1毫米，黑色或带棕黑色。花果期7 ~ 11月。嫩茎叶作野菜食用；全草供药用，有清热解毒、散血消肿的功效。

分布：衡南县、耒阳市、衡东县、衡山县、南岳区、衡阳县、石鼓区、珠晖区、蒸湘区。

刺苋（拍摄于衡南县豆付塘，2020.7）

刺苋（拍摄于衡南县豆付塘，2020.7）

垂序商陆

Phytolacca americana L.

多年生草本，高1 ~ 2米。根粗壮，肥大，倒圆锥形。茎直立，圆柱形，有时带紫红色。叶片椭圆状卵形或卵状披针形，长9 ~ 18厘米，宽5 ~ 10厘米，顶端急尖，基部楔形；叶柄长1 ~ 4厘米。总状花序顶生或侧生，长5 ~ 20厘米；花梗长6 ~ 8毫米；花白色，微带红晕，直径约6毫米；花被片5，雄蕊、心皮及花柱通常均为10，心皮合生。果序下垂；浆果扁球形，熟时紫黑色；种子肾圆形，直径约3毫米。花期6 ~ 8月，果期8 ~ 10月。根供药用，治水肿、白带、风湿，并有催吐作用；种子利尿；叶有解热作用，并治脚气。外用可治无名肿毒及皮肤寄生虫病。全草可作农药。

分布：衡南县、耒阳市、常宁市、祁东县、衡东县、衡山县、南岳区、衡阳县、雁峰区、石鼓区、珠晖区、蒸湘区。

垂序商陆（拍摄于常宁市老屋周家，2021.8）

垂序商陆（拍摄于衡南县豆付塘，2020.7）

藿香蓟

Ageratum conyzoides L.

一年生草本，高50 ~ 100厘米，有时又不足10厘米。无明显主根。茎粗壮，基部径4毫米，或少有纤细的，而基部径不足1毫米，不分枝或自基部或自中部以上分枝，或下基部平卧而节常生不定根。全部茎枝淡红色，或上部绿色，被白色尘状短柔毛或上部被稠密开展的长绒毛。叶对生，有时上部互生，常有腋生的不发育的叶芽。中部茎叶卵形或椭圆形或长圆形，长3 ~ 8厘米，宽2 ~ 5厘米；自中部叶向上向下及腋生小枝上的叶渐小或小，卵形或长圆形，有时植株全部叶小形，长仅1厘米，宽仅0.6毫米。全部叶基部钝或宽楔形，基出三脉或不明显五出脉，顶端急尖，边缘圆锯齿，有长1 ~ 3厘米的叶柄，两面被白色稀疏的短柔毛且有黄色腺点，上面沿脉处及叶下面的毛稍多有时下面近无毛，上部

藿香蓟（拍摄于常宁市老屋周家，2020.8）

叶的叶柄或腋生幼枝及腋生枝上的小叶的叶柄通常被白色稠密开展的长柔毛。头状花序4 ~ 18个在茎顶排成通常紧密的伞房状花序；花序径1.5 ~ 3厘米，少有排成松散伞房花序式的。花梗长0.5 ~ 1.5厘米，被尘球短柔毛。总苞钟状或半球形，宽5毫米。总苞片2层，长圆形或披针状长圆形，长3 ~ 4毫米，外面无毛，边缘撕裂。花冠长1.5 ~ 2.5毫米，外面无毛或顶端有尘状微柔毛，檐部5裂，淡紫色。瘦果黑褐色，5棱，长1.2 ~ 1.7毫米，有白色稀疏细柔毛。冠毛膜片5或6个，长圆形，顶端急狭或渐狭成长或短芒状，或部分膜片顶端截形而无芒状渐尖；全部冠毛膜片长1.5 ~ 3毫米。花果期全年。在非洲、美洲用该植物全草作清热解毒用和消炎止血。我国民间用全草治感冒发热、疔疮湿疹、外伤出血、烧烫伤等。

分布：衡南县、常宁市、祁东县、衡东县、衡山县、南岳区、衡阳县、雁峰区、石鼓区、珠晖区、蒸湘区。

藿香蓟（拍摄于衡东县杨山互通，2022.8）

牵牛

Ipomoea nil

一年生缠绕草本，茎上被倒向的短柔毛及杂有倒向或开展的长硬毛。叶宽卵形或近圆形，深或浅的3裂，偶5裂，长4 ~ 15厘米，宽4.5 ~ 14厘米，基部圆，心形，中裂片长圆形或卵圆形，渐尖或骤尖，侧裂片较短，三角形，裂口锐或圆，叶面或疏或密被微硬的柔毛；叶柄长2 ~ 15厘米，毛被同茎。花腋生，单一或通常2朵着生于花序梗顶，花序梗长短不一，长1.5 ~ 18.5厘米，通常短于叶柄，有时较长，毛被同茎；苞片线形或叶状，被开展的微硬毛；花梗长2 ~ 7毫米；小苞片线形；萼片近等长，长2 ~ 2.5厘米，披针状线形，内面2片稍狭，外面被开展的刚毛，基部更密，有时也杂有短柔毛；花冠漏斗状，长5 ~ 8（~ 10）厘米，蓝紫色或紫红色，花冠管色淡；雄蕊及花柱内藏；雄蕊不等长；花丝基部被柔毛；子房无毛，柱头头状。蒴果近球形，直径0.8 ~ 1.3厘米，3瓣裂。种子卵状三棱形，长约6毫米，黑褐色或米黄色，被褐色短绒毛。除栽培供观赏外，种子为常用中药，名丑牛子。

分布：衡南县、祁东县、衡东县、南岳区、衡阳县、雁峰区、石鼓区、珠晖区、蒸湘区。

牵牛（拍摄于衡东县杨山互通，2020.8）

牵牛（拍摄于衡南县松江镇，2020.7）

喜旱莲子草

Alternanthera philoxeroides（Mart.）Griseb.

多年生草本；茎基部匍匐，上部上升，管状，不明显4棱，长55 ~ 120厘米，具分枝，幼茎及叶腋有白色或锈色柔毛，茎老时无毛，仅在两侧纵沟内保留。叶片矩圆形、矩圆状倒卵形或倒卵状披针形，长2.5 ~ 5厘米，宽7 ~ 20毫米，顶端急尖或圆钝，具短尖，基部渐狭，全缘，两面无毛或上面有贴生毛及缘毛，下面有颗粒状突起；叶柄长3 ~ 10毫米，无毛或微有柔毛。花密生，成具总花梗的头状花序，单生在叶腋，球形，直径8 ~ 15毫米；苞片及小苞片白色，顶端渐尖，具1脉；苞片卵形，长2 ~ 2.5毫米，小苞片披针形，长2毫米；花被片矩圆形，长5 ~ 6毫米，白色，光亮，无毛，顶端急尖，背部侧扁；雄蕊花丝长2.5 ~ 3毫米，基部连合成杯状；退化雄蕊矩圆状条形，和雄蕊约等长，顶端裂成窄条；子房倒卵形，具短柄，背面侧扁，顶端圆形。果实未见。花期5 ~ 10月。全草入药，有清热利水、凉血解毒作用；可作饲料。

分布：衡南县、耒阳市、常宁市、祁东县、衡东县、衡山县、南岳区、衡阳县、雁峰区、石鼓区、珠晖区、蒸湘区。

喜旱莲子草（拍摄于衡南县松江镇，2022.7）

喜旱莲子草（拍摄于南岳区谭家大屋，2020.8）

喜旱莲子草（拍摄于衡南县松江镇，2020.7）

苏门白酒草

Erigeron sumatrensis

一年生或二年生草本，根纺锤状，直或弯，具纤维状根。茎粗壮，直立，高80 ~ 150厘米，基部径4 ~ 6毫米，具条棱，绿色或下部红紫色，中部或中部以上有长分枝，被较密灰白色上弯糙短毛，杂有开展的疏柔毛。叶密集，基部叶花期凋落，下部叶倒披针形或披针形，长6 ~ 10厘米，宽1 ~ 3厘米，顶端尖或渐尖，基部渐狭成柄，边缘上部每边常有4 ~ 8个粗齿，基部全缘，中部和上部叶渐小，狭披针形或近线形，具齿或全缘，两面特别下面被密糙短毛。头状花序多数，径5 ~ 8毫米，在茎枝端排列成大而长的圆锥花序；花序梗长3 ~ 5毫米；总苞卵状短圆柱状，长4毫米，宽3 ~ 4毫米，总苞片3层，灰绿色，线状披针形或线形，顶端渐尖，背面被糙短毛，外层稍短或短于内层之半，内层长约4毫米，边缘干膜质；花托稍平，具明显小窝孔，径2 ~ 2.5毫米；雌花多层，长4 ~ 4.5毫米，管部细长，舌片淡黄色或淡紫色，极短细，丝状，顶端具2细裂；两性花6 ~ 11个，花冠淡黄色，长约4毫米，檐部狭漏斗形，上端具5齿裂，管部上部被疏微毛；瘦果线状披针形，长1.2 ~ 1.5毫米，扁压，被贴微毛；冠毛1层，初时白色，后变黄褐色。花期5 ~ 10月。

分布：衡南县、常宁市、祁东县、衡东县、衡山县、衡阳县、石鼓区、蒸湘区。

苏门白酒草（拍摄于常宁市老屋周家，2020.8）

苏门白酒草（拍摄于衡南县松江镇，2020.7）

豚草

Ambrosia artemisiifolia L.

一年生草本，高20 ~ 150厘米；茎直立，上部有圆锥状分枝，有棱，被疏生密糙毛。下部叶对生，具短叶柄，二次羽状分裂，裂片狭小，长圆形至倒披针形，全缘，有明显的中脉，上面深绿色，被细短伏毛或近无毛，背面灰绿色，被密短糙毛；上部叶互生，无柄，羽状分裂。雄头状花序半球形或卵形，径4 ~ 5毫米，具短梗，下垂，在枝端密集成总状花序。总苞宽半球形或碟形；总苞片全部结合，无肋，边缘具波状圆齿，稍被糙伏毛。花托具刚毛状托片；每个头状

豚草（拍摄于衡阳呆鹰岭镇，2020.8）

花序有10 ～ 15个不育的小花；花冠淡黄色，长2毫米，有短管部，上部钟状，有宽裂片；花药卵圆形；花柱不分裂，顶端膨大成画笔状。雌头状花序无花序梗，在雄头花序下面或在下部叶腋单生，或2 ～ 3个密集成团伞状，有1个无被能育的雌花，总苞闭合，具结合的总苞片，倒卵形或卵状长圆形，长4 ～ 5毫米，宽约2毫米，顶端有围裹花柱的圆锥状嘴部，在顶部以下有4 ～ 6个尖刺，稍被糙毛；花柱2深裂，丝状，伸出总苞的嘴部。瘦果倒卵形，无毛，藏于坚硬的总苞中。花期8 ～ 9月，果期9 ～ 10月。

分布：衡南县、衡阳县、石鼓区、蒸湘区。

豚草（拍摄于衡阳县演陂镇玉龙村，2020.8）

斑地锦

Euphorbia maculata L.

一年生草本。根纤细，长4 ~ 7厘米，直径约2毫米。茎匍匐，长10 ~ 17厘米，直径约1毫米，被白色疏柔毛。叶对生，长椭圆形至肾状长圆形，长6 ~ 12毫米，宽2 ~ 4毫米，先端钝，基部偏斜，不对称，略呈渐圆形，边缘中部以下全缘，中部以上常具细小疏锯齿；叶面绿色，中部常具有一个长圆形的紫色斑点，叶背淡绿色或灰绿色，新鲜时可见紫色斑，干时不清楚，两面无毛；叶柄极短，长约1毫米；托叶钻状，不分裂，边缘具睫毛。花序单生于叶腋，基部具短柄，柄长1 ~ 2毫米；总苞狭杯状，高0.7 ~ 1.0毫米，直径约0.5毫米，外部具白色疏柔毛，边缘5裂，裂片三角状圆形；腺体4，黄绿色，横椭圆形，边缘具白色附属物。雄花4 ~ 5，微伸出总苞外；雌花1，子房柄伸出总苞外，且被柔毛；子房被疏柔毛；花柱短，近基部合生；柱头2裂。蒴果三角状卵形，长约2毫米，直径约2毫米，被稀疏柔毛，成熟时易分裂为3个分果爿。种子卵状四棱形，长约1毫米，直径约0.7毫米，灰色或灰棕色，每个棱面具5个横沟，无种阜。花果期4 ~ 9月。

分布：衡南县、常宁市、祁东县、衡东县、衡山县、南岳区、衡阳县、石鼓区、蒸湘区。

斑地锦（拍摄于衡阳呆鹰岭镇，2020.8）

斑地锦（拍摄于衡南县松江镇，2020.7）

飞扬草

Euphorbia hirta L.

一年生草本。根纤细，长5 ~ 11厘米，直径3 ~ 5毫米，常不分枝，偶3 ~ 5分枝。茎单一，自中部向上分枝或不分枝，高30 ~ 60（70）厘米，直径约3毫米，被褐色或黄褐色的多细胞粗硬毛。叶对生，披针状长圆形、长椭圆状卵形或卵状披针形，长1 ~ 5厘米，宽5 ~ 13毫米，先端极尖或钝，基部略偏斜；边缘于中部以上有细锯齿，中部以下较少或全缘；叶面绿色，叶背灰绿色，有时具紫色斑，两面均具柔毛，叶背面脉上的毛较密；叶柄极短，长1 ~ 2毫米。花序多数，于叶腋处密集成头状，基部无梗或仅具极短的柄，变化较大，且具柔毛；总苞钟状，高与直径各约1毫米，被柔毛，边缘5裂，裂片三角状卵形；腺体4，近于杯状，边缘具白色附属物；雄花数枚，微达总苞边缘；雌花1枚，具短梗，伸出总苞之外；子房三棱状，被少许柔毛；花柱3，分离；柱头2浅裂。蒴果三棱状，长与直径均约1 ~ 1.5毫米，被短柔毛，成熟时分裂为3个分果爿。种子近圆状四棱，每个棱面有数个纵槽，无种阜。花果期6 ~ 12月。全草入药，可治痢疾、肠炎、皮肤湿疹、皮炎、疖肿等；鲜汁外用治癣类。

分布：衡南县、耒阳市、常宁市、祁东县、衡东县、衡阳县、雁峰区、石鼓区、蒸湘区。

飞扬草（拍摄于常宁市老屋周家，2021.8）

飞扬草（拍摄于衡南县松江镇，2021.7）

毛酸浆

Physalis philadelphica

一年生草本；茎生柔毛，常多分枝，分枝毛较密。叶阔卵形，长3 ~ 8厘米，宽2 ~ 6厘米，顶端急尖，基部歪斜心形，边缘通常有不等大的尖牙齿，两面疏生毛但脉上毛较密；叶柄长3 ~ 8厘米，密生短柔毛。花单独腋生，花梗长5 ~ 10毫米，密生短柔毛。花萼钟状，密生柔毛，5中裂，裂片披针形，急尖，边缘有缘毛；花冠淡黄色，喉部具紫色斑纹，直径6 ~ 10毫米；雄蕊短于花冠，花药淡紫色，长1 ~ 2毫米。果萼卵状，长2 ~ 3厘米，直径2 ~ 2.5厘米，具5棱角和10纵肋，顶端萼齿闭合，基部稍凹陷；浆果球状，直径约1.2厘米，黄色或有时带紫色。种子近圆盘状，直径约2毫米。花果期5 ~ 11月。

分布：衡南县、祁东县、衡东县、衡山县、石鼓区。

毛酸浆（拍摄于常宁市老屋周家，2022.8）

毛酸浆（拍摄于衡南县松江镇，2020.7）

毛酸浆（拍摄于衡南县松江镇，2020.7）

大狼杷草

Bidens frondosa L.

一年生草本。茎直立，分枝，高20～120厘米，被疏毛或无毛，常带紫色。叶对生，具柄，为一回羽状复叶，小叶3～5枚，披针形，长3～10厘米，宽1～3厘米，先端渐尖，边缘有粗锯齿，通常背面被稀疏短柔毛，至少顶生者具明显的柄。头状花序单生茎端和枝端，连同总苞苞片直径12～25毫米，高约12毫米。总苞钟状或半球形，外层苞片5～10枚，通常8枚，披针形或匙状倒披针形，叶状，边缘

大狼杷草（拍摄于常宁市常宁大道，2020.8）

有缘毛，内层苞片长圆形，长5 ~ 9毫米，膜质，具淡黄色边缘，无舌状花或舌状花不发育，极不明显，筒状花两性，花冠长约3毫米，冠檐5裂；瘦果扁平，狭楔形，长5 ~ 10毫米，近无毛或是糙伏毛，顶端芒刺2枚，长约2.5毫米，有倒刺毛。全草入药，有强壮、清热解毒的功效。

分布：衡南县、耒阳市、常宁市、祁东县、衡东县、衡山县、南岳区、衡阳县、石鼓区、蒸湘区。

大狼杷草（拍摄于常宁市常宁大道，2020.8）

通奶草

Euphorbia hypericifolia L.

一年生草本，根纤细，长10 ~ 15厘米，直径2 ~ 3.5毫米，常不分枝，少数由末端分枝。茎直立，自基部分枝或不分枝，高15 ~ 30厘米，直径1 ~ 3毫米，无毛或被少许短柔毛。叶对生，狭长圆形或倒卵形，长1 ~ 2.5厘米，宽4 ~ 8毫米，先端钝或圆，基部圆形，通常偏斜，不对称，边缘全缘或基部以上具细锯齿，上面深绿色，下面淡绿色，有时略带紫红色，两面被稀疏的柔毛，或上面的毛早脱落；叶柄极短，长1 ~ 2毫米；托叶三角形，分离或合生。苞叶2枚，与茎生叶同形。花序数个簇生于叶腋或枝顶，每个花序基部具纤细的柄，柄长3 ~ 5毫米；总苞陀螺状，高与直径各约1毫米或稍大；边缘5裂，裂片卵状三角形；腺体4，边缘具白色或淡粉色附属物。雄花数枚，微伸出总苞外；雌花1枚，子房柄长于总苞；子房三棱状，无毛；花柱3，分离；柱头2浅裂。蒴果三棱状，长约1.5毫米，直径约2毫米，无毛，成熟时分裂为3个分果爿。种子卵棱状，长约1.2毫米，直径约0.8毫米，每个棱面具数个皱纹，无种阜。花果期8 ~ 12月。

分布：衡南县。

通奶草（拍摄于衡南县松江镇兴隆塘，2020.7）

紫茉莉

Mirabilis jalapa L.

一年生草本，高可达1米。根肥粗，倒圆锥形，黑色或黑褐色。茎直立，圆柱形，多分枝，无毛或疏生细柔毛，节稍膨大。叶片卵形或卵状三角形，长3 ~ 15厘米，宽2 ~ 9厘米，顶端渐尖，基部截形或心形，全缘，两面均无毛，脉隆起；叶柄长1 ~ 4厘米，上部叶几无柄。花常数朵簇生枝端；花梗长1 ~ 2毫米；总苞钟形，长约1厘米，5裂，裂片三角状卵形，顶端渐尖，无毛，具脉纹，果时宿存；花被紫红色、黄色、白色或杂色，高脚碟状，筒部长2 ~ 6厘米，檐部直径2.5 ~ 3厘米，5浅裂；花午后开放，有香气，次日午前凋萎；雄蕊5，花丝细长，常伸出花外，花药球形；花柱单生，线形，伸出花外，柱头头状。瘦果球形，直径5 ~ 8毫米，革质，黑色，表面具皱纹；种子胚乳白粉质。花期6 ~ 10月，果期8 ~ 11月。

分布：衡南县、常宁市、祁东县、衡东县、衡山县、南岳区、衡阳县、雁峰区、石鼓区、珠晖区、蒸湘区。

紫茉莉（拍摄于祁东县黄珠坪，2020.8）

紫茉莉（拍摄于衡南县松江镇兴隆塘，2020.7）

苘麻

Abutilon theophrasti

一年生亚灌木状草本，高达1 ~ 2米，茎枝被柔毛。叶互生，圆心形，长5 ~ 10厘米，先端长渐尖，基部心形，边缘具细圆锯齿，两面均密被星状柔毛；叶柄长3 ~ 12厘米，被星状细柔毛；托叶早落。花单生于叶腋，花梗长1 ~ 13厘米，被柔毛，近顶端具节；花萼杯状，密被短绒毛，裂片5，卵形，长约6毫米；花黄色，花瓣倒卵形，长约1厘米；雄蕊柱平滑无毛，心皮15 ~ 20，长1 ~ 1.5厘米，顶端平截，具扩展、被毛的长芒2，排列成轮状，密被软毛。蒴果半球形，直径约2厘米，长约1.2厘米，分果爿15 ~ 20，被粗毛，顶端具长芒2；种子肾形，褐色，被星状柔毛。花期7 ~ 8月。

分布：衡南县、衡阳县。

苘麻（拍摄于衡阳县呆鹰岭镇，2020.8）

苘麻（拍摄于衡南县松江镇兴隆塘，2021.7）

反枝苋

Amaranthus retroflexus

一年生草本，高20～80厘米，有时达1米多；茎直立，粗壮，单一或分枝，淡绿色，有时具带紫色条纹，稍具钝棱，密生短柔毛。叶片菱状卵形或椭圆状卵形，长5～12厘米，宽2～5厘米，顶端锐尖或尖凹，有小凸尖，基部楔形，全缘或波状缘，两面及边缘有柔毛，下面毛较密；叶柄长1.5～5.5厘米，淡绿色，有时淡紫色，有柔毛。圆锥花序顶生及腋生，直立，直径2～4厘米，由多数穗状花序形成，顶生花穗较侧生者长；苞片及小苞片钻形，长4～6毫米，白色，背面有1龙骨状突起，伸出顶端成白色尖芒；花被片矩圆形或矩圆状倒卵形，长2～2.5毫米，薄膜质，白色，有1淡绿色细中脉，顶端急尖或尖凹，具凸尖；雄蕊比花被片稍长；柱头3，有时2。胞果扁卵形，长约1.5毫米，环状横裂，薄膜质，淡绿色，包裹在宿存花被片内。种子近球形，直径1毫米，棕色或黑色，边缘钝。花期7～8月，果期8～9月。

分布：衡南县、常宁市、祁东县、衡东县、衡山县、南岳区、衡阳县、石鼓区、蒸湘区。

反枝苋（拍摄于衡阳县呆鹰岭镇，2020.8）

反枝苋（拍摄于衡南县松江镇，2020.7）

一年蓬

Erigeron annuus

一年生或二年生草本，茎粗壮，高30 ~ 100厘米，基部径6毫米，直立，上部有分枝，绿色，下部被开展的长硬毛，上部被较密的上弯的短硬毛。基部叶花期枯萎，长圆形或宽卵形，少有近圆形，长4 ~ 17厘米，宽1.5 ~ 4厘米，或更宽，顶端尖或钝，基部狭成具翅的长柄，边缘具粗齿，下部叶与基部叶同形，但叶柄较短，中部和上部叶较小，长圆状披针形或披针形，长1 ~ 9厘米，宽0.5 ~ 2厘米，顶端尖，具短柄或无柄，边缘有不规则的齿或近全缘，最上部叶线形，全部叶边缘被短硬毛，两面被疏短硬毛，或有时近无毛。头状花序数个或多数，排列成疏圆锥花序，长6 ~ 8毫米，宽10 ~ 15毫米，总苞半球形，总苞片3层，草质，披针形，长3 ~ 5毫米，宽0.5 ~ 1毫米，近等长或外层稍短，淡绿色或多少褐色，背面密被腺毛和疏长节毛；外围的雌花舌状，2层，长6 ~ 8毫米，管部长1 ~ 1.5毫米，上部被疏微毛，舌片平展，白色，或有时淡天蓝色，线形，宽0.6毫米，顶端具2小齿，花柱分枝线形；中央的两性花管状，黄色，管部长约0.5毫米，檐部近倒锥形，裂片无毛；瘦果披针形，长约1.2毫米，扁压，被疏贴柔毛；冠毛异形，雌花的冠毛极短，膜片状连成小冠，两性花的冠毛2层，外层鳞片状，内层为10 ~ 15条长约2毫米的刚毛。花期6 ~ 9月。

分布：衡南县、耒阳市、常宁市、祁东县、衡东县、衡山县、南岳区、石鼓区、蒸湘区。

一年蓬（拍摄于常宁市天堂山，2020.8）

一年蓬（拍摄于常宁市天堂山，2020.8）

一年蓬（拍摄于衡南县松江镇，2021.7）

凤眼莲

Eichhornia crassipes

浮水草本，高30～60厘米。须根发达，棕黑色，长达30厘米。茎极短，具长匍匐枝，匍匐枝淡绿色或带紫色，与母株分离后长成新植物。叶在基部丛生，莲座状排列，一般5～10片；叶片圆形，宽卵形或宽菱形，长4.5～14.5厘米，宽5～14厘米，顶端钝圆或微尖，基部宽楔形或在幼时为浅心形，全缘，具弧形脉，表面深绿色，光亮，质地厚实，两边微向上卷，顶部略向下翻卷；叶柄长短不等，中部膨大成囊状或纺锤形，内有许多多边形柱状细胞组成的气室，维管束散布其间，黄绿色至绿色，光滑；叶柄基部有鞘状苞片，长8～11厘米，黄绿色，薄而半透明；花葶从叶柄基部的鞘状苞片腋内伸出，长34～46厘米，多棱；穗状花序长17～20厘米，通常具9～12朵花；花被裂片6枚，花

凤眼莲（拍摄于衡南县松江镇兴复村，2020.7）

瓣状，卵形、长圆形或倒卵形，紫蓝色，花冠略两侧对称，直径4 ~ 6厘米，上方1枚裂片较大，长约3.5厘米，宽约2.4厘米，三色即四周淡紫红色，中间蓝色，在蓝色的中央有1黄色圆斑，其余各片长约3厘米，宽1.5 ~ 1.8厘米，下方1枚裂片较狭，宽1.2 ~ 1.5厘米，花被片基部合生成筒，外面近基部有腺毛；雄蕊6枚，贴生于花被筒上，3长3短，长的从花被筒喉部伸出，长1.6 ~ 2厘米，短的生于近喉部，长3 ~ 5毫米；花丝上有腺毛，长约0.5毫米，3（2 ~ 4）细胞，顶端膨大；花药箭形，基着，蓝灰色，2室，纵裂；花粉粒长卵圆形，黄色；子房上位，长梨形，长6毫米，3室，中轴胎座，胚珠多数；花柱1，长约2厘米，伸出花被筒的部分有腺毛；柱头上密生腺毛。蒴果卵形。花期7 ~ 10月，果期8 ~ 11月。

分布：衡南县、衡阳县、常宁市、祁东县、衡东县、衡山县、南岳区、石鼓区、蒸湘区、耒阳市、珠晖区。

凤眼莲（拍摄于耒阳市小水镇，2020.7）

凤眼莲（拍摄于耒阳市小水镇，2020.7）

凤眼莲（拍摄于衡阳县蒸水河杨瓦志屋段，2020.8）

黄秋英

Cosmos sulphureus Cav.

（硫磺菊），一年生草本，多分枝，叶为对生的二回羽状复叶，深裂，裂片呈披针形，有短尖，叶缘粗糙，与大波斯菊相比叶片更宽，叶为对生的二回羽状复叶，深裂，裂片呈披针形，有短尖，叶缘粗糙。花为舌状花，有单瓣和重瓣两种，直径3 ~ 5厘米，颜色多为黄、金黄、橙色、红色，瘦

果总长1.8 ~ 2.5厘米，棕褐色，坚硬，粗糙有毛，顶端有细长喙。瘦果总长1.8 ~ 2.5厘米，棕褐色，坚硬，粗糙有毛，顶端有细长喙。

分布：耒阳市。

黄秋英（拍摄于耒阳市小水镇，2021.7）

土荆芥

Dysphania ambrosioides

一年生或多年生草本，高50 ~ 80厘米，有强烈香味。茎直立，多分枝，有色条及钝条棱；枝通常细瘦，有短柔毛并兼有具节的长柔毛，有时近于无毛。叶片矩圆状披针形至披针形，先端急尖或渐尖，边缘具稀疏不整齐的大锯齿，基部渐狭具短柄，上面平滑无毛，下面有散生油点并沿叶脉稍有毛，下部的叶长达15厘米，宽达5厘米，上部叶逐渐狭小而近全缘。花两性及雌性，通常3 ~ 5个团集，生于上部叶腋；花被裂片5，较少为3，绿色，果时通常闭合；雄蕊5，

土荆芥（拍摄于耒阳市小水镇，2020.7）

花药长0.5毫米；花柱不明显，柱头通常3，较少为4，丝形，伸出花被外。胞果扁球形，完全包于花被内。种子横生或斜生，黑色或暗红色，平滑，有光泽，边缘钝，直径约0.7毫米。花期和果期的时间都很长。全草入药，治蛔虫病、钩虫病、蛲虫病，外用治皮肤湿疹，并能杀蛆虫。

分布：耒阳市、祁东县、衡东县、衡山县、南岳区、衡阳县、石鼓区。

土荆芥（拍摄于南岳区紫盖峰，2020.8）

鳢肠
Eclipta prostrata

一年生草本。茎直立，斜升或平卧，高达60厘米，通常自基部分枝，被贴生糙毛。叶长圆状披针形或披针形，无柄或有极短的柄，长3 ~ 10厘米，宽0.5 ~ 2.5厘米，顶端尖或渐尖，边缘有细锯齿或有时仅波状，两面被密硬糙毛。头状花序径6 ~ 8毫米，有长2 ~ 4厘米的细花序梗；总苞球状钟形，总苞片绿色，草质，5 ~ 6个排成2层，长圆形或长圆状披针形，外层较内层稍短，背面及边缘被白色短伏毛；外围的雌花2层，舌状，长2 ~ 3毫米，舌片短，顶端2浅裂或

鳢肠（拍摄于耒阳市小水镇，2020.8）

全缘，中央的两性花多数，花冠管状，白色，长约1.5毫米，顶端4齿裂；花柱分枝钝，有乳头状突起；花托凸，有披针形或线形的托片。托片中部以上有微毛；瘦果暗褐色，长2.8毫米，雌花的瘦果三棱形，两性花的瘦果扁四棱形，顶端截形，具1 ~ 3个细齿，基部稍缩小，边缘具白色的肋，表面有小瘤状突起，无毛。花期6 ~ 9月。

分布：耒阳市、衡东县、衡山县、衡阳县。

鳢肠（拍摄于衡东县集贤湾村，2020.8）

剑叶金鸡菊

Coreopsis lanceolata

多年生草本，高30 ~ 70厘米，有纺锤状根。茎直立，无毛或基部被软毛，上部有分枝。叶较少数，在茎基部成对簇生，有长柄，叶片匙形或线状倒披针形，基部楔形，顶端钝或圆形，长3.5 ~ 7厘米，宽1.3 ~ 1.7厘米；茎上部叶少数，全缘或三深裂，裂片长圆形或线状披针形，顶裂片较大，长6 ~ 8厘米，宽1.5 ~ 2厘米，基部窄，顶端钝，叶柄通常长6 ~ 7厘米，基部膨大，有缘毛；上部叶无柄，线形

或线状披针形。头状花序在茎端单生，径4 ~ 5厘米。总苞片内外层近等长；披针形，长6 ~ 10毫米，顶端尖。舌状花黄色，舌片倒卵形或楔形；管状花狭钟形，瘦果圆形或椭圆形，长2.5 ~ 3毫米，边缘有宽翅，顶端有2短鳞片。花期5 ~ 9月。

分布：耒阳市、衡山县、蒸湘区、珠晖区。

剑叶金鸡菊（拍摄于耒阳市狮子岭森林公园，2021.7）

小蓬草

Erigeron canadensis

一年生草本，根纺锤状，具纤维状根。茎直立，高50 ~ 100厘米或更高，圆柱状，多少具棱，有条纹，被疏长硬毛，上部多分枝。叶密集，基部叶花期常枯萎，下部叶倒披针形，长6 ~ 10厘米，宽1 ~ 1.5厘米，顶端尖或渐尖，基部渐狭成柄，边缘具疏锯齿或全缘，中部和上部叶较小，线状披针形或线形，近无柄或无柄，全缘或少有具1 ~ 2个齿，两面或仅上面被疏短毛边缘常被上弯的硬缘毛。头状花序多数，小，径3 ~ 4毫米，排列成顶生多分枝的大圆锥花序；花序梗细，长5 ~ 10毫米，总苞近圆柱状，长2.5 ~ 4毫米；总苞片2 ~ 3层，淡绿色，线状披针形或线形，顶端渐尖，外层约短于内层之半背面被疏毛，内层长3 ~ 3.5毫米，宽约0.3毫米，边缘干膜质，无毛；花托平，径2 ~ 2.5毫米，具不明显的突起；雌花多数，舌状，白色，长2.5 ~ 3.5毫米，舌片小，稍超出花盘，线形，顶端具2个钝小齿；两性花淡黄色，花冠管状，长2.5 ~ 3毫米，上端具4或5个齿裂，管部上部被疏微毛；瘦果线状披针形，长1.2 ~ 1.5毫米稍扁压，被贴微毛；冠毛污白色，1层，糙毛状，长2.5 ~ 3毫米。花期5 ~ 9月。

分布：常宁市、石鼓区。

小蓬草（拍摄于常宁市天堂山森林公园，2020.8）

小蓬草（拍摄于常宁市天堂山森林公园，2020.8）

珊瑚豆

Solanum pseudocapsicum var.*diflorum*

直立分枝小灌木，高0.3 ~ 1.5米，小枝幼时被树枝状簇绒毛，后渐脱落。叶双生，大小不相等，椭圆状披针形，长2 ~ 5厘米或稍长，宽1 ~ 1.5厘米或稍宽，先端钝或短尖，基部楔形下延成短柄，叶面无毛，叶下面沿脉常有树枝状簇绒毛，边全缘或略作波状，中脉在下面凸出，侧脉每边4 ~ 7条，在下面明显；叶柄长约2 ~ 5毫米，幼时被树枝状簇绒毛，后逐渐脱落。花序短，腋生，通常1 ~ 3朵，单生或成蝎尾状花序，总花梗短几近于无，花梗长约5毫米，花小，直径约8 ~ 10毫米；萼绿色，5深裂，裂片卵状披针形，端

珊瑚豆（拍摄于衡山县柘塘水库，2020.8）

钝，长约5毫米，花冠白色，筒部隐于萼内，长约1.5毫米，冠檐长约6.5 ～ 8.5毫米，5深裂，裂片卵圆形，长约4 ～ 6毫米，宽约4毫米，端尖或钝；花丝长约1毫米，花药长圆形，长约为花丝长度的2倍，顶孔略向内；子房近圆形，直径约1.5毫米，花柱长约4 ～ 6毫米，柱头截形。浆果单生，球状，珊瑚红色或桔黄色，直径1 ～ 2厘米；种子扁平，直径约3毫米。花期4 ～ 7月，果熟期8 ～ 12月。

分布：常宁市、衡山县、祁东县。

珊瑚豆（拍摄于衡山县柘塘水库，2020.8）

阔叶丰花草

Spermacoce alata

披散、粗壮草本，被毛；茎和枝均为明显的四棱柱形，棱上具狭翅。叶椭圆形或卵状长圆形，长度变化大，长2 ~ 7.5厘米，宽1 ~ 4厘米，顶端锐尖或钝，基部阔楔形而下延，边缘波浪形，鲜时黄绿色，叶面平滑；侧脉每边5 ~ 6条，略明显；叶柄长4 ~ 10毫米，扁平；托叶膜质，被粗毛，顶部有数条长于鞘的刺毛。花数朵丛生于托叶鞘内，无梗；小苞片略长于花萼；萼管圆筒形，长约1毫米，被粗毛，萼檐4裂，裂片长2毫米；花冠漏斗形，浅紫色，罕有白色，

阔叶丰花草（拍摄于常宁市天堂山森林公园，2021.8）

长3 ~ 6毫米，里面被疏散柔毛，基部具1毛环，顶部4裂，裂片外面被毛或无毛；花柱长5 ~ 7毫米，柱头2，裂片线形。蒴果椭圆形，长约3毫米，直径约2毫米，被毛，成熟时从顶部纵裂至基部，隔膜不脱落或1个分果爿的隔膜脱落；种子近椭圆形，两端钝，长约2毫米，直径约1毫米，干后浅褐色或黑褐色，无光泽，有小颗粒。花果期5 ~ 7月。

分布：常宁市。

阔叶丰花草（拍摄于常宁市天堂山森林公园，2021.8）

圆叶牵牛

Ipomoea purpurea

一年生缠绕草本，茎上被倒向的短柔毛杂有倒向或开展的长硬毛。叶圆心形或宽卵状心形，长4 ~ 18厘米，宽3.5 ~ 16.5厘米，基部圆，心形，顶端锐尖、骤尖或渐尖，通常全缘，偶有3裂，两面疏或密被刚伏毛；叶柄长2 ~ 12厘米，毛被与茎同。花腋生，单一或2 ~ 5朵着生于花序梗顶端成伞形聚伞花序，花序梗比叶柄短或近等长，长4 ~ 12厘米，毛被与茎相同；苞片线形，长6 ~ 7毫米，被开展的长硬毛；花梗长1.2 ~ 1.5厘米，被倒向短柔毛及长硬毛；萼片近等长，长1.1 ~ 1.6厘米，外面3片长椭圆形，渐尖，内面2片线状披针形，外面均被开展的硬毛，基部更密；花冠漏斗状，长4 ~ 6厘米，紫红色、红色或白色，花冠管通常白色，瓣中带于内面色深，外面色淡；雄蕊与花柱内藏；雄蕊不等长，花丝基部被柔毛；子房无毛，3室，每室2胚珠，柱头头状；花盘环状。蒴果近球形，直径9 ~ 10毫米，3瓣裂。种子卵状三棱形，长约5毫米，黑褐色或米黄色，被极短的糠粃状毛。

分布：常宁市、衡南县、石鼓区。

圆叶牵牛（拍摄于衡南县松江镇，2020.7）

圆叶牵牛（拍摄于衡南县松江镇，2020.7）

皱果苋

Amaranthus viridis

一年生草本，高40 ~ 80厘米，全体无毛；茎直立，有不显明棱角，稍有分枝，绿色或带紫色。叶片卵形、卵状矩圆形或卵状椭圆形，长3 ~ 9厘米，宽2.5 ~ 6厘米，顶端尖凹或凹缺，少数圆钝，有1芒尖，基部宽楔形或近截形，全缘或微呈波状缘；叶柄长3 ~ 6厘米，绿色或带紫红色。圆锥花序顶生，长6 ~ 12厘米，宽1.5 ~ 3厘米，有分枝，由穗状花序形成，圆柱形，细长，直立，顶生花穗比侧生者长；总花梗长2 ~ 2.5厘米；苞片及小苞片披针形，长

不及1毫米，顶端具凸尖；花被片矩圆形或宽倒披针形，长1.2 ~ 1.5毫米，内曲，顶端急尖，背部有1绿色隆起中脉；雄蕊比花被片短；柱头3或2。胞果扁球形，直径约2毫米，绿色，不裂，极皱缩，超出花被片。种子近球形，直径约1毫米，黑色或黑褐色，具薄且锐的环状边缘。花期6 ~ 8月，果期8 ~ 10月。

分布：常宁市、祁东县、衡东县、南岳区、衡阳县、石鼓区、蒸湘区。

皱果苋（拍摄于常宁市水龙村，2020.8）

野茼蒿

Crassocephalum crepidioides

直立草本，高20 ~ 120厘米，茎有纵条棱，无毛叶膜质，椭圆形或长圆状椭圆形，长7 ~ 12厘米，宽4 ~ 5厘米，顶端渐尖，基部楔形，边缘有不规则锯齿或重锯齿，或有时基部羽状裂，两面无或近无毛；叶柄长2 ~ 2.5厘米。头状花序数个在茎端排成伞房状，直径约3厘米，总苞钟状，长1 ~ 1.2厘米，基部截形，有数枚不等长的线形小苞片；总苞片1层，线状披针形，等长，宽约1.5毫米，具狭膜质边缘，顶端有簇状毛，小花全部管状，两性，花冠红褐色或橙红色，檐部5齿裂，花柱基部呈小球状，分枝，顶端尖，被乳头状毛。瘦果狭圆柱形，赤红色，有肋，被毛；冠毛极多数，白色，绢毛状，易脱落。花期7 ~ 12月。

分布：常宁市、祁东县、衡山县、南岳区。

野茼蒿（拍摄于南岳区紫盖峰，2021.8）

野茼蒿（拍摄于常宁天堂山森林公园，2020.8）

野茼蒿（拍摄于常宁天堂山森林公园，2020.8）

野茼蒿（拍摄于南岳区紫盖峰，2021.8）

凤仙花

Impatiens balsamina

一年生草本，高60 ~ 100厘米。茎粗壮，肉质，直立，不分枝或有分枝，无毛或幼时被疏柔毛，基部直径可达8毫米，具多数纤维状根，下部节常膨大。叶互生，最下部叶有时对生；叶片披针形、狭椭圆形或倒披针形，长4 ~ 12厘米、宽1.5 ~ 3厘米，先端尖或渐尖，基部楔形，边缘有锐锯齿，向基部常有数对无柄的黑色腺体，两面无毛或被疏柔毛，侧脉4 ~ 7对；叶柄长1 ~ 3厘米，上面有浅沟，两侧具数对具柄的腺体。花单生或2 ~ 3朵簇生于叶腋，无总花梗，白色、粉红色或紫色，单瓣或重瓣；花梗长2 ~ 2.5厘米，密被柔毛；苞片线形，位于花梗的基部；侧生萼片2，卵形或卵状披针形，长2 ~ 3毫米，唇瓣深舟状，长13 ~ 19毫米，宽4 ~ 8毫米，被柔毛，基部急尖成长1 ~ 2.5厘米内弯的距；旗瓣圆形，兜状，先端微凹，背面中肋具狭龙骨状突起，顶端具小尖，翼瓣具短柄，长23 ~ 35毫米，2裂，下部裂片小，倒卵状长圆形，上部裂片近圆形，先端2浅裂，外缘近基部具小耳；雄蕊5，花丝线形，花药卵球形，顶端钝；子房纺锤形，密被柔毛。蒴果宽纺锤形，长10 ~ 20毫米：两端尖，密被柔毛。种子多数，圆球形，直径1.5 ~ 3毫米，黑褐色。花期7 ~ 10月。

分布：常宁市。

凤仙花（拍摄于常宁天堂山森林公园，2020.8）

青葙

Celosia argentea

一年生草本，高0.3 ~ 1米，全体无毛；茎直立，有分枝，绿色或红色，具显明条纹。叶片矩圆披针形、披针形或披针状条形，少数卵状矩圆形，长5 ~ 8厘米，宽1 ~ 3厘米，绿色常带红色，顶端急尖或渐尖，具小芒尖，基部渐狭；叶柄长2-15毫米，或无叶柄。花多数，密生，在茎端或枝端成单一、无分枝的塔状或圆柱状穗状花序，长3 ~ 10厘米；苞片及小苞片披针形，长3 ~ 4毫米，白色，光亮，顶端渐尖，延长成细芒，具1中脉，在背部隆起；花被片矩圆

青葙（拍摄于祁东县黄珠坪，2020.8）

状披针形，长6 ~ 10毫米，初为白色顶端带红色，或全部粉红色，后成白色，顶端渐尖，具1中脉，在背面凸起；花丝长5 ~ 6毫米，分离部分长约2.5 ~ 3毫米，花药紫色；子房有短柄，花柱紫色，长3-5毫米。胞果卵形，长3 ~ 3.5毫米，包裹在宿存花被片内。种子凸透镜状肾形，直径约1.5毫米。花期5 ~ 8月，果期6 ~ 10月。

分布：祁东县、衡东县、衡阳县、石鼓区。

青葙（拍摄于衡阳县呆鹰岭镇，2020.8）

蓖麻

Ricinus communis

一年生粗壮草本或草质灌木，高达5米；小枝、叶和花序通常被白霜，茎多液汁。叶轮廓近圆形，长和宽达40厘米或更大，掌状7 ~ 11裂，裂缺几达中部，裂片卵状长圆形或披针形，顶端急尖或渐尖，边缘具锯齿；掌状脉7 ~ 11条。网脉明显；叶柄粗壮，中空，长可达40厘米，顶端具2枚盘状腺体，基部具盘状腺体；托叶长三角形，长2 ~ 3厘米，早落。总状花序或圆锥花序，长15 ~ 30厘米或更长；苞片阔三角形，膜质，早落；雄花：花萼裂片卵状三角形，长

蓖麻（拍摄于祁东县呆沙子塘，2020.8）

7 ~ 10毫米；雄蕊束众多。雌花：萼片卵状披针形，长5 ~ 8毫米，凋落；子房卵状，直径约5毫米，密生软刺或无刺，花柱红色，长约4毫米，顶部2裂，密生乳头状突起。蒴果卵球形或近球形，长1.5 ~ 2.5厘米，果皮具软刺或平滑；种子椭圆形，微扁平，长8 ~ 18毫米，平滑，斑纹淡褐色或灰白色；种阜大。花期几全年或6 ~ 9月。

分布：祁东县。

蓖麻（拍摄于祁东县呆沙子塘，2020.8）

刺槐

Robinia pseudoacacia

落叶乔木，高10 ~ 25米；树皮灰褐色至黑褐色，浅裂至深纵裂，稀光滑。小枝灰褐色，幼时有棱脊，微被毛，后无毛；具托叶刺，长达2厘米；冬芽小，被毛。羽状复叶长10 ~ 25（ ~ 40）厘米；叶轴上面具沟槽；小叶2 ~ 12对，常对生，椭圆形、长椭圆形或卵形，长2 ~ 5厘米，宽1.5 ~ 2.2厘米，先端圆，微凹，具小尖头，基部圆至阔楔形，全缘，上面绿色，下面灰绿色，幼时被短柔毛，后变无毛；小叶柄长1 ~ 3毫米；小托叶针芒状，总状花序，花序腋生，长10 ~ 20厘米，下垂，花多数，芳香；苞片早落；花梗长7 ~ 8毫米；花萼斜钟状，长7 ~ 9毫米，萼齿5，三角形至卵状三角形，密被柔毛；花冠白色，各瓣均具瓣柄，旗瓣近

刺槐（拍摄于祁东县呆沙子塘，2021.8）

圆形，长16毫米，宽约19毫米，先端凹缺，基部圆，反折，内有黄斑，翼瓣斜倒卵形，与旗瓣几等长，长约16毫米，基部一侧具圆耳，龙骨瓣镰状，三角形，与翼瓣等长或稍短，前缘合生，先端钝尖；雄蕊二体，对旗瓣的1枚分离；子房线形，长约1.2厘米，无毛，柄长2 ~ 3毫米，花柱钻形，长约8毫米，上弯，顶端具毛，柱头顶生。荚果褐色，或具红褐色斑纹，线状长圆形，长5 ~ 12厘米，宽1 ~ 1.3（~ 1.7）厘米，扁平，先端上弯，具尖头，果颈短，沿腹缝线具狭翅；花萼宿存，有种子2 ~ 15粒；种子褐色至黑褐色，微具光泽，有时具斑纹，近肾形，长5 ~ 6毫米，宽约3毫米，种脐圆形，偏于一端。花期4 ~ 6月，果期8 ~ 9月。原产美国东部，17世纪传入欧洲及非洲。我国于18世纪末从欧洲引入青岛栽培，现全国各地广泛栽植。

分布：祁东县、衡东县、南岳区、衡阳县、石鼓区。

刺槐（拍摄于衡阳县杨瓦老屋，2020.8）

白花草木犀

Melilotus albus

一、二年生草本，高70 ~ 200厘米。茎直立，圆柱形，中空，多分枝，几无毛。羽状三出复叶；托叶尖刺状锥形，长6 ~ 10毫米，全缘；叶柄比小叶短，纤细；小叶长圆形或倒披针状长圆形，长15 ~ 30厘米，宽（4）6 ~ 12毫米，先端钝圆，基部楔形，边缘疏生浅锯齿，上面无毛，下面被细柔毛，侧脉12 ~ 15对，平行直达叶缘齿尖，两面均不隆起，顶生小叶稍大，具较长小叶柄，侧小叶小叶柄短。总状花序长9 ~ 20厘米，腋生，具花40 ~ 100朵，排列疏松；苞片线形，长1.5 ~ 2毫米；花长4 ~ 5毫米；花梗短，长约1 ~ 1.5

白花草木犀（拍摄于祁东县呆沙子塘，2022.8）

毫米；萼钟形，长约2.5毫米，微被柔毛，萼齿三角状披针形，短于萼筒；花冠白色，旗瓣椭圆形，稍长于翼瓣，龙骨瓣与冀瓣等长或稍短；子房卵状披针形，上部渐窄至花柱，无毛，胚珠3 ~ 4粒。荚果椭圆形至长圆形，长3 ~ 3.5毫米，先端锐尖，具尖喙表面脉纹细，网状，棕褐色，老熟后变黑褐色；有种子1 ~ 2粒。种子卵形，棕色，表面具细瘤点。花期5 ~ 7月，果期7 ~ 9月。

分布：祁东县。

白花草木犀（拍摄于祁东县呆沙子塘，2020.8）

落葵薯

Anredera cordifolia

缠绕藤本，长可达数米。根状茎粗壮。叶具短柄，叶片卵形至近圆形，长2 ~ 6厘米，宽1.5 ~ 5.5厘米，顶端急尖，基部圆形或心形，稍肉质，腋生小块茎（珠芽）。总状花序具多花，花序轴纤细，下垂，长7 ~ 25厘米；苞片狭，不超过花梗长度，宿存；花梗长2 ~ 3毫米，花托顶端杯状，花常由此脱落；下面1对小苞片宿存，宽三角形，急尖，透明，上面1对小苞片淡绿色，比花被短，宽椭圆形至近圆形；花

落葵薯（拍摄于祁东县呆沙子塘，2020.8）

直径约5毫米；花被片白色，渐变黑，开花时张开，卵形、长圆形至椭圆形，顶端钝圆，长约3毫米，宽约2毫米；雄蕊白色，花丝顶端在芽中反折，开花时伸出花外；花柱白色，分裂成3个柱头臂，每臂具1棍棒状或宽椭圆形柱头。果实、种子未见。花期6 ~ 10月。原产南美热带地区。

分布：祁东县、南岳区、石鼓区、蒸湘区。

落葵薯（拍摄于南岳区止观桥，2020.8）

苦蘵

Physalis angulata

一年生草本，被疏短柔毛或近无毛，高常30 ~ 50厘米；茎多分枝，分枝纤细。叶柄长1 ~ 5厘米，叶片卵形至卵状椭圆形，顶端渐尖或急尖，基部阔楔形或楔形，全缘或有不等大的牙齿，两面近无毛，长3 ~ 6厘米，宽2 ~ 4厘米。花梗长约5 ~ 12毫米，纤细和花萼一样生短柔毛，长4 ~ 5毫米，5中裂，裂片披针形，生缘毛；花冠淡黄色，喉部常有紫色斑纹，长4 ~ 6毫米，直径6 ~ 8毫米；花药蓝紫色或有时黄色，长约1.5毫米。果萼卵球状，直径1.5 ~ 2.5厘米，薄纸质，浆果直径约1.2厘米。种子圆盘状，长约2毫米。花果期5 ~ 12月。

分布：祁东县、南岳区、衡阳县、石鼓区、蒸湘区。

苦蘵（拍摄于祁东县呆沙子塘，2022.8）

苦蘵（拍摄于祁东县呆沙子塘，2022.8）

苦蘵（拍摄于衡阳县呆鹰岭镇，2020.8）

红花酢浆草

Oxalis corymbosa

多年生直立草本。无地上茎，地下部分有球状鳞茎，外层鳞片膜质，褐色，背具3条肋状纵脉，被长缘毛，内层鳞片呈三角形，无毛。叶基生；叶柄长5 ~ 30厘米或更长，被毛；小叶3，扁圆状倒心形，长1 ~ 4厘米，宽1.5 ~ 6厘米，顶端凹入，两侧角圆形，基部宽楔形，表面绿色，被毛或近无毛；背面浅绿色，通常两面或有时仅边缘有干后呈棕黑色的小腺体，背面尤甚并被疏毛；托叶长圆形，顶部狭尖，与叶柄基部合生。总花梗基生，二歧聚伞花序，通常排列成伞形花序式，总花梗长10 ~ 40厘米或更长，被毛；花梗、苞

红花酢浆草（拍摄于祁东县鼎山公园，2020.8）

片、萼片均被毛；花梗长5 ~ 25毫米，每花梗有披针形干膜质苞片2枚；萼片5，披针形，长约4 ~ 7毫米，先端有暗红色长圆形的小腺体2枚，顶部腹面被疏柔毛；花瓣5，倒心形，长1.5 ~ 2厘米，为萼长的2 ~ 4倍，淡紫色至紫红色，基部颜色较深；雄蕊10枚，长的5枚超出花柱，另5枚长至子房中部，花丝被长柔毛；子房5室，花柱5，被锈色长柔毛，柱头浅2裂。花、果期3 ~ 12月。

分布：祁东县、石鼓区。

红花酢浆草（拍摄于石鼓区湖南环境生物职业技术学院，2020.6）

秋英（波斯菊）

Cosmos bipinnatus

一年生或多年生草本，高达2米；茎无毛或稍被柔毛；叶二回羽状深裂；花：头状花序单生，径3 ~ 6厘米，花序梗长6 ~ 18厘米；总苞片外层披针形或线状披针形，近革质，淡绿色，具深紫色条纹，长1 ~ 1.5厘米，内层椭圆状卵形，膜质；舌状花紫红、粉红或白色，舌片椭圆状倒卵

形，长2 ~ 3厘米；管状花黄色，长6 ~ 8毫米，管部短，上部圆柱形，有披针状裂片。瘦果黑紫色，长0.8 ~ 1.2厘米，无毛，上端具长喙，有2 ~ 3尖刺。花期6 ~ 8月，果期9 ~ 10月。

分布：祁东县、衡山县、衡阳县、蒸湘区。

秋英（拍摄于衡阳县演陂镇玉龙村，2022.8）

喀西茄

Solanum myriacanthum

直立草本至亚灌木，高1 ~ 2米，最高达3米，茎、枝、叶及花柄多混生黄白色具节的长硬毛、短硬毛、腺毛及淡黄色基部宽扁的直刺，刺长2 ~ 15毫米，宽1 ~ 5毫米，基部暗黄色。叶阔卵形，长6 ~ 12厘米，宽约与长相等，先端渐尖，基部戟形，5 ~ 7深裂，裂片边缘又作不规则的齿裂及浅裂；上面深绿，毛被在叶脉处更密；下面淡绿，除被有与上面相同的毛被外，还被有稀疏分散的星状毛；侧脉与裂片数相等，在上面平，在下面略凸出，其上分散着生基部宽扁的直刺，刺长约5 ~ 15毫米；叶柄粗壮，长约为叶片之半。蝎尾状花序腋外生，短而少花，单生或2 ~ 4朵，花梗长约1

厘米；萼钟状，绿色，直径约1厘米，长约7毫米，5裂，裂片长圆状披针形，长约5毫米，宽约1.5毫米，外面具细小的直刺及纤毛，边缘的纤毛更长而密；花冠筒淡黄色，隐于萼内，长约1.5毫米；冠檐白色，5裂，裂片披针形，长约14毫米，宽约4毫米，具脉纹，开放时先端反折；花丝长约1.5毫米，花药在顶端延长，长约7毫米，顶孔向上；子房球形，被微绒毛，花柱纤细，长约8毫米，光滑，柱头截形。浆果球状，直径约2 ~ 2.5厘米，初时绿白色，具绿色花纹，成熟时淡黄色，宿萼上具纤毛及细直刺，后逐渐脱落；种子淡黄色，近倒卵形，扁平，直径约2.5毫米。花期春夏，果熟期冬季。

分布：祁东县、南岳区。

喀西茄（拍摄于祁东县鼎山公园，2020.8）

百日菊

Zinnia elegans

一年生草本。茎直立，高30 ~ 100厘米，被糙毛或长硬毛。叶宽卵圆形或长圆状椭圆形，长5 ~ 10厘米，宽2.5 ~ 5厘米，基部稍心形抱茎，两面粗糙，下面被密的短糙毛，基出三脉。头状花序径5 ~ 6.5厘米，单生枝端，无中空肥厚的花序梗。总苞宽钟状；总苞片多层，宽卵形或卵状椭圆形，外层长约5毫米，内层长约10毫米，边缘黑色。托片上端有延伸的附片；附片紫红色，流苏状三角形。舌状花深红色、玫瑰色、紫堇色或白色，舌片倒卵圆形，先端2 ~ 3齿裂或全缘，上面被短毛，下面被长柔毛。管状花黄色或橙色，长7 ~ 8毫米，先端裂片卵状披针形，上面被黄褐色密茸毛。雌花瘦果倒卵圆形，长6 ~ 7毫米，宽4 ~ 5毫米，扁平，腹面正中和两侧边缘各有1棱，顶端截形，基部狭窄，被密毛；管状花瘦果倒卵状楔形，长7 ~ 8毫米，宽3.5 ~ 4毫米，极扁，被疏毛，顶端有短齿。花期6 ~ 9月，果期7 ~ 10月。原产墨西哥，著名的观赏植物，有单瓣、重瓣、卷叶、皱叶和各种不同颜色的园艺品种。

分布：祁东县、衡山县、南岳区、石鼓区、蒸湘区、珠晖区。

百日菊（拍摄于祁东县红旗水库，2020.8）

匍匐大戟

Euphorbia prostrata

一年生草本。根纤细，长7 ~ 9厘米。茎匍匐状，自基部多分枝，长15 ~ 19厘米，通常呈淡红色或红色，少绿色或淡黄绿色，无毛或被少许柔毛。叶对生，椭圆形至倒卵形，长3 ~ 7（8）毫米，宽2 ~ 4（5）毫米，先端圆，基部偏斜，不对称，边缘全缘或具不规则的细锯齿；叶面绿色，叶背有时略呈淡红色或红色；叶柄极短或近无；托叶长三角形，易脱落。花序常单生于叶腋，少为数个簇生于小枝顶端，具2 ~ 3毫米的柄；总苞陀螺状，高约1毫米，直径近1毫米，常无毛，少被稀疏的柔毛，边缘5裂，裂片三角形或半圆形；腺体4，具极窄的白色附属物。雄花数个，常不伸出总苞外；雌花1枚，子房柄较长，常伸出总苞之外；子房于脊上被稀疏的白色柔毛；花柱3，近基部合生；柱头2裂。蒴果三棱状，长约1.5毫米，直径约1.4毫米，除果棱上被白色疏柔毛外，其他无毛。种子卵状四棱形，长约0.9毫米，直径约0.5毫米，黄色，每个棱面上有6 ~ 7个横沟；无种阜。花果期4 ~ 10月。原产美洲热带和亚热带，归化于旧大陆的热带和亚热带。

分布：祁东县、衡山县、南岳区、衡阳县、石鼓区、蒸湘区。

匍匐大戟（拍摄于祁东县沙子塘，2020.8）

野胡萝卜

Daucus carota

二年生草本，高15 ~ 120厘米。茎单生，全体有白色粗硬毛。基生叶薄膜质，长圆形，二至三回羽状全裂，末回裂片线形或披针形，长2 ~ 15毫米，宽0.5 ~ 4毫米，顶端尖锐，有小尖头，光滑或有糙硬毛；叶柄长3 ~ 12厘米；茎生叶近无柄，有叶鞘，末回裂片小或细长。复伞形花序，花序梗长10 ~ 55厘米，有糙硬毛；总苞有多数苞片，呈叶状，羽状分裂，少有不裂的，裂片线形，长3 ~ 30毫米；伞辐多

野胡萝卜（拍摄于衡东县杨山互通高速出口，2020.8）

数，长2 ～ 7.5厘米，结果时外缘的伞辐向内弯曲；小总苞片5 ～ 7，线形，不分裂或2 ～ 3裂，边缘膜质，具纤毛；花通常白色，有时带淡红色；花柄不等长，长3 ～ 10毫米。果实圆卵形，长3 ～ 4毫米，宽2毫米，棱上有白色刺毛。花期5 ～ 7月。

分布：衡东县、南岳区、石鼓区。

野胡萝卜（拍摄于衡东县杨山互通高速出口，2020.8）

紫穗槐

Amorpha fruticosa

落叶灌木，丛生，高1 ~ 4米。小枝灰褐色，被疏毛，后变无毛，嫩枝密被短柔毛。叶互生，奇数羽状复叶，长10 ~ 15厘米，有小叶11 ~ 25片，基部有线形托叶；叶柄长1 ~ 2厘米；小叶卵形或椭圆形，长1 ~ 4厘米，宽0.6 ~ 2.0厘米，先端圆形，锐尖或微凹，有一短而弯曲的尖刺，基部宽楔形或圆形，上面无毛或被疏毛，下面有白色短柔毛，具黑色腺点。穗状花序常1至数个顶生和枝端腋生，长7 ~ 15厘米，密被短柔毛；花有短梗；苞片长3 ~ 4毫米；花萼

紫穗槐（拍摄于衡东县杨山互通高速出口，2020.8）

长2 ~ 3毫米，被疏毛或几无毛，萼齿三角形，较萼筒短；旗瓣心形，紫色，无翼瓣和龙骨瓣；雄蕊10，下部合生成鞘，上部分裂，包于旗瓣之中，伸出花冠外。荚果下垂，长6 ~ 10毫米，宽2 ~ 3毫米，微弯曲，顶端具小尖，棕褐色，表面有凸起的疣状腺点。花、果期5 ~ 10月。本种原产美国东北部和东南部，系多年生优良绿肥，蜜源植物，耐瘠，耐水湿和轻度盐碱土，又能固氮。

分布：衡东县、衡阳县、蒸湘区。

紫穗槐（拍摄于衡东县杨山互通高速出口，2020.8）

钻叶紫菀

Aster subulatus

一年生草本植物，高可达150厘米。主根圆柱状，向下渐狭，茎单一，直立，茎和分枝具粗棱，光滑无毛，基生叶在花期凋落；茎生叶多数，叶片披针状线形，极稀狭披针形，两面绿色，光滑无毛，中脉在背面凸起，侧脉数对，头状花序极多数，花序梗纤细、光滑，总苞钟形，总苞片外层披针状线形，内层线形，边缘膜质，光滑无毛。雌花花冠舌状，舌片淡红色、红色、紫红色或紫色，线形，两性花花冠管状，冠管细，瘦果线状长圆形，稍扁，6 ~ 10月开花结果。原产北美，列于2014年8月20日原环境保护部发布的中国外来入侵物种名单（第三批）中。

分布：衡东县、衡山县、南岳区、衡阳县、石鼓区、蒸湘区。

钻叶紫菀（拍摄于衡东县杨山互通高速出口，2020.8）

钻叶紫菀（拍摄于衡东县杨山互通高速出口，2020.8）

草木犀

Melilotus officinalis

二年生草本，高40 ~ 100（~ 250）厘米。茎直立，粗壮，多分枝，具纵棱，微被柔毛。羽状三出复叶；托叶镰状线形，长3 ~ 5（~ 7）毫米，中央有1条脉纹，全缘或基部有1尖齿；叶柄细长；小叶倒卵形、阔卵形、倒披针形至线形，长15 ~ 25（~ 30）毫米，宽5 ~ 15毫米，先端钝圆或截形，基部阔楔形，边缘具不整齐疏浅齿，上面无毛，粗糙，下面散生短柔毛，侧脉8 ~ 12对，平行直达齿尖，两面均不隆起，顶生小叶稍大，具较长的小叶柄，侧小叶的小叶柄短。总状花序长6 ~ 15（~ 20）厘米，腋生，具花30 ~ 70朵，初时稠密，花开后渐疏松，花序轴在花期中显

草木犀（拍摄于衡东县杨山互通高速出口，2020.8）

著伸展；苞片刺毛状，长约1毫米；花长3.5 ~ 7毫米；花梗与苞片等长或稍长；萼钟形，长约2毫米，脉纹5条，甚清晰，萼齿三角状披针形，稍不等长，比萼筒短；花冠黄色，旗瓣倒卵形，与翼瓣近等长，龙骨瓣稍短或三者均近等长；雄蕊筒在花后常宿存包于果外；子房卵状披针形，胚珠（4）6（~ 8）粒，花柱长于子房。荚果卵形，长3 ~ 5毫米，宽约2毫米，先端具宿存花柱，表面具凹凸不平的横向细网纹，棕黑色；有种子1 ~ 2粒。种子卵形，长2.5毫米，黄褐色，平滑。花期5 ~ 9月，果期6 ~ 10月。

分布：衡东县、南岳区、石鼓区。

草木犀（拍摄于南岳区南岳高速出口，2020.8）

紫苜蓿

Medicago sativa

多年生草本，高30 ~ 100厘米。根粗壮，深入土层，根颈发达。茎直立、丛生以至平卧，四棱形，无毛或微被柔毛，枝叶茂盛。羽状三出复叶；托叶大，卵状披针形，先端锐尖，基部全缘或具1 ~ 2齿裂，脉纹清晰；叶柄比小叶短；小叶长卵形、倒长卵形至线状卵形，等大，或顶生小叶稍大，长（5）10 ~ 25（ ~ 40）毫米，宽3 ~ 10毫米，纸质，先端钝圆，具由中脉伸出的长齿尖，基部狭窄，楔形，边缘三分之一以上具锯齿，上面无毛，深绿色，下面被贴伏柔毛，侧脉8 ~ 10对，与中脉成锐角，在近叶边处略有分叉；顶生小叶柄比侧生小叶柄略长。花序总状或头状，长1 ~ 2.5

紫苜蓿（拍摄于衡东县杨山互通高速出口，2020.8）

厘米，具花5 ~ 30朵；总花梗挺直，比叶长；苞片线状锥形，比花梗长或等长；花长6 ~ 12毫米；花梗短，长约2毫米；萼钟形，长3 ~ 5毫米，萼齿线状锥形，比萼筒长，被贴伏柔毛；花冠各色：淡黄、深蓝至暗紫色。花瓣均具长瓣柄，旗瓣长圆形，先端微凹，明显较翼瓣和龙骨瓣长，翼瓣较龙骨瓣稍长；子房线形，具柔毛，花柱短阔，上端细尖，柱头点状，胚珠多数。荚果螺旋状紧卷2 ~ 4（~ 6）圈，中央无孔或近无孔，径5 ~ 9毫米，被柔毛或渐脱落，脉纹细，不清晰，熟时棕色；有种子10 ~ 20粒。种子卵形，长1 ~ 2.5毫米，平滑，黄色或棕色。花期5 ~ 7月，果期6 ~ 8月。欧亚大陆和世界各国广泛种植为饲料与牧草。

分布：衡东县。

紫苜蓿（拍摄于衡东县杨山互通高速出口，2020.8）

菊芋

Helianthus tuberosus L.

多年生草本，高1 ~ 3米，有块状的地下茎及纤维状根。茎直立，有分枝，被白色短糙毛或刚毛。叶通常对生，有叶柄，但上部叶互生；下部叶卵圆形或卵状椭圆形，有长柄，长10 ~ 16厘米，宽3 ~ 6厘米，基部宽楔形或圆形，有时微心形，顶端渐细尖，边缘有粗锯齿，有离基三出脉，上面被白色短粗毛、下面被柔毛，叶脉上有短硬毛，上部叶长椭圆形至阔披针形，基部渐狭，下延成短翅状，顶端渐尖，短尾状。头状花序较大，少数或多数，单生于枝端，有1 ~ 2个线状披针形的苞叶，直立，径2 ~ 5厘米，总苞片多层，披针形，长14 ~ 17毫米、宽2 ~ 3毫米，顶端长渐尖，背面被短伏毛，边缘被开展的缘毛；托片长圆形，长8毫米，背面有肋、上端不等三浅裂。舌状花通常12 ~ 20个，舌片黄色，开展，长椭圆形，长1.7 ~ 3厘米；管状花花冠黄色，长6毫米。瘦果小，楔形，上端有2 ~ 4个有毛的锥状扁芒。花期8 ~ 9月。原产北美，在我国各地广泛栽培。

分布：衡东县、衡山县、南岳区、石鼓区。

菊芋（拍摄于衡东县新塘镇石杨村，2021.8）

菊芋（拍摄于衡东县新塘镇石杨村，2021.8）

粉绿狐尾藻

Myriophyllum aquaticum

植株高40 ~ 120cm，全体绿色。茎直立，具纵条纹，疏被长硬毛，上部分枝。茎下部叶倒披针形，顶端尖或渐尖，基部渐狭成柄，边缘具疏锯齿或全缘，茎中部和上部叶较小，线状披针形或线形，疏被短毛。头状花序茎3 ~ 4mm，排列成顶生多分枝的圆锥花序；总苞近圆柱状；总苞片2 ~ 3层，黄绿色，线状披针形或线形，顶端渐尖；外围花雌性，细筒状，长约2.5mm，檐部4齿裂，稀为3齿裂。瘦果长圆形，长1.2 ~ 1.5mm，冠毛污白色。地理分布：原产北美洲，现广布世界各地。1860年在山东烟台发现。现分布于安徽、澳门、北京、福建、甘肃、广东、广西、贵州、海南、河北、河南、黑龙江、湖北、湖南、吉林、江苏、江西、辽宁、内蒙古、宁夏、青海、山东、山西、陕西、四川、台湾、天津、西藏、香港、新疆、云南、浙江、重庆。我国各地均有分布，是我国分布最广的入侵物种之一。

分布：衡东县、南岳区。

粉绿狐尾藻（拍摄于衡东县新塘镇石杨村，2020.8）

粉绿狐尾藻（拍摄于衡东县新塘镇石杨村，2020.8）

粉绿狐尾藻（拍摄于衡东县新塘镇石杨村，2020.8）

韭莲

Zephyranthes carinata

多年生草本。鳞茎卵球形，直径2～3厘米。基生叶常数枚簇生，线形，扁平，长15～30厘米，宽6～8毫米。花单生于花茎顶端，下有佛焰苞状总苞，总苞片常带淡紫红色，长4～5厘米，下部合生成管；花梗长2～3厘米；花玫瑰红色或粉红色；花被管长1～2.5厘米，花被裂片6，裂

片倒卵形，顶端略尖，长3 ～ 6厘米；雄蕊6，长约为花被的2/3 ～ 4/5，花药丁字形着生；子房下位，3室，胚珠多数，花柱细长，柱头深3裂。蒴果近球形；种子黑色。花期夏秋。原产南美，我国引种栽培供观赏。

分布：衡东县。

韭莲（拍摄于衡东县新塘镇石杨村，2020.8）

老鸦谷

Amaranthus cruentus

一年生草本，高1 ~ 2米；茎直立、单一或分枝，具钝棱，极几乎无毛。叶卵状矩圆形或卵状披针形，长4 ~ 13厘米，宽2 ~ 5.5厘米，顶端锐尖或圆钝，具小芒尖，基部楔形。花单性或杂性，圆锥花序腋生和顶生，由多数穗状花序组成，直立，后来下垂；苞片和小苞片钻形，绿色或紫色，

老鸦谷（拍摄于衡东县集贤湾村，2020.8）

背部中肋突出顶端成长芒；花被片膜质，绿色或紫色，顶端有短芒；雄蕊比花被片稍长。胞果卵形，盖裂，和宿存花被等长。老鸦谷栽培供观赏；茎叶可作蔬菜；种子可作为粮食作物，供食用或酿酒。

分布：衡东县。

老鸦谷（拍摄于衡东县集贤湾村，2020.8）

大花金鸡菊

Coreopsis grandiflora Hogg.

多年生草本，高20～100厘米。茎直立，下部常有稀疏的糙毛，上部有分枝。叶对生；基部叶有长柄、披针形或匙形；下部叶羽状全裂，裂片长圆形；中部及上部叶3～5深裂，裂片线形或披针形，中裂片较大，两面及边缘有细毛。头状花序单生于枝端，径4～5厘米，具长花序梗。总苞片外层较短，披针形，长6～8毫米，顶端尖，有缘毛；内层卵形或卵状披针形，长10～13毫米；托片线状钻形。舌状花6～10个，舌片宽大，黄色，长1.5～2.5厘米；管状花长5毫米，两性。瘦果广椭圆形或近圆形，长2.5～3毫米，边缘具膜质宽翅，顶端具2短鳞片。花期5～9月。原产美洲的观赏植物，在我国各地常栽培。

分布：衡山县、南岳区、石鼓区、蒸湘区、珠晖区。

大花金鸡菊（拍摄于衡山县开云镇农科村，2020.8）

大花金鸡菊（拍摄于衡山县开云镇农科村，2020.8）

苦味叶下珠

Phyllanthus amarus

茎直立，株高50 ~ 120厘米不等，主根不发达，须根多数；茎类圆柱形，有分枝灰绿色，直径一般0.3 ~ 0.5厘米，叶互生，羽状复叶，小叶片长椭圆形，长0.5 ~ 1.2厘米，宽0.3 ~ 0.5厘米，无叶柄，上表面绿色，下表面灰绿色，托叶小，膜质，尖三角形；花小，5瓣，淡绿色，柱头周围有黄色花粉，腋生于叶下，蒴果无柄，扁球形，表面淡绿色，种子细小，橘瓣状，黄棕色，千粒重0.1克。全草气微，味苦。

分布：祁东县、衡山县、南岳区、衡阳县、石鼓区、蒸湘区。

苦味叶下珠（拍摄于南岳区高速出口，2020.8）

苦味叶下珠（拍摄于衡山县开云镇农科村，2020.8）

月见草

Oenothera biennis

二年生直立粗壮草本，基生莲座叶丛紧贴地面；茎高50～200厘米，不分枝或分枝，被曲柔毛与伸展长毛（毛的基部疱状），在茎枝上端常混生有腺毛。基生叶倒披针形，长10～25厘米，宽2～4.5厘米，先端锐尖，基部楔形，边缘疏生不整齐的浅钝齿，侧脉每侧12～15条，两面被曲柔毛与长毛；叶柄长1.5～3厘米。茎生叶椭圆形至倒披针形，长7～20厘米，宽1～5厘米，先端锐尖至短渐尖，基部楔形，边缘每边有5～19枚稀疏钝齿，侧脉每侧6～12条，每边两面被曲柔毛与长毛，尤茎上部的叶下面与叶缘常混生有腺毛；叶柄长0～15毫米。花序穗状，不分枝，或在主序下面具次级侧生花序；苞片叶状，芽时长及花的1/2，长大后椭圆状披针形，自下向上由大变小，近无柄，长1.5～9厘米，宽0.5～2厘米，果时宿存，花蕾锥状长圆形，长1.5～2厘米，粗4～5毫米，顶端具长约3毫米的喙；花管长2.5～3.5厘米，径1～1.2毫米，黄绿色或开花时带红色，被混生的柔毛、伸展的长毛与短腺毛；花后脱落；萼片绿色，有时带红色，长圆状披针形，长1.8～2.2厘米，下部宽大处4～5毫米，先端骤缩成尾状，长3～4毫米，在芽时直立，彼此靠合，开放时自基部反折，但又在中部上翻，毛被同花管；花瓣黄色，稀

月见草（拍摄于衡山县开云镇农科村，2020.8）

淡黄色，宽倒卵形，长2.5 ~ 3厘米，宽2 ~ 2.8厘米，先端微凹缺；花丝近等长，长10 ~ 18毫米；花药长8 ~ 10毫米，花粉约50%发育；子房绿色，圆柱状，具4棱，长1 ~ 1.2厘米，粗1.5 ~ 2.5毫米，密被伸展长毛与短腺毛，有时混生曲柔毛；花柱长3.5 ~ 5厘米，伸出花管部分长0.7 ~ 1.5厘米；柱头围以花药。开花时花粉直接授在柱头裂片上，裂片长3 ~ 5毫米。蒴果锥状圆柱形，向上变狭，长2 ~ 3.5厘米，径4 ~ 5毫米，直立。绿色，毛被同子房，但渐变稀疏，具明显的棱。种子在果中呈水平状排列，暗褐色，棱形，长1 ~ 1.5毫米，径0.5 ~ 1毫米，具棱角，各面具不整齐洼点。原产北美（尤加拿大与美国东部），早期引入欧洲，后迅速传播世界温带与亚热带地区。

分布：衡山县。

月见草（拍摄于衡山县开云镇农科村，2020.8）

绿穗苋

Amaranthus hybridus

一年生草本，高30 ~ 50厘米；茎直立，分枝，上部近弯曲，有开展柔毛。叶片卵形或菱状卵形，长3 ~ 4.5厘米，宽1.5 ~ 2.5厘米，顶端急尖或微凹，具凸尖，基部楔形，边缘波状或有不明显锯齿，微粗糙，上面近无毛，下面疏生柔毛；叶柄长1 ~ 2.5厘米，有柔毛。圆锥花序顶生，细长，上升稍弯曲，有分枝，由穗状花序而成，中间花穗最长；苞片及小苞片钻状披针形，长3.5 ~ 4毫米，中脉坚硬，绿色，向前伸出成尖芒；花被片矩圆状披针形，长约2毫米，顶端锐尖，具凸尖，中脉绿色；雄蕊略和花被片等长或稍长；柱头3。胞果卵形，长2毫米，环状横裂，超出宿存花被片。种子近球形，直径约1毫米，黑色。花期7 ~ 8月，果期9 ~ 10月。

分布：衡山县。

绿穗苋（拍摄于衡山县开云镇农科村，2020.8）

绿穗苋（拍摄于衡山县开云镇农科村，2020.8）

齿裂大戟

Euphorbia dentata

一年生草本。根纤细，长7 ~ 10厘米，直径2 ~ 3毫米，下部多分枝。茎单一，上部多分枝，高20 ~ 50厘米，直径2 ~ 5毫米，被柔毛或无毛。叶对生，线形至卵形，多变化，长2 ~ 7厘米，宽5 ~ 20毫米，先端尖或钝，基部渐狭；边缘全缘、浅裂至波状齿裂，多变化；叶两面被毛或无毛；叶柄长3 ~ 20毫米，被柔毛或无毛；总苞叶2 ~ 3枚，与茎生叶相同；伞幅2 ~ 3，长2 ~ 4厘米；苞叶数枚，与退化叶混生。花序数枚，聚伞状生于分枝顶部，基部具长1 ~ 4毫米短柄；总苞钟状，高约3毫米，直径约2毫米，边缘5裂，裂

齿裂大戟（拍摄于衡山县开云镇农科村，2020.8）

片三角形，边缘撕裂状；腺体1枚，两唇形，生于总苞侧面，淡黄褐色。雄花数枚，伸出总苞之外；雌花1枚，子房柄与总苞边缘近等长；子房球状，光滑无毛；花柱3，分离；柱头两裂。蒴果扁球状，长约4毫米，直径约5毫米，具3个纵沟；成熟时分裂为3个分果爿。种子卵球状，长约2毫米，直径1.5 ~ 2毫米，黑色或褐黑色，表面粗糙，具不规则瘤状突起，腹面具一黑色沟纹；种阜盾状，黄色，无柄。花果期7 ~ 10月。原产北美。

分布：衡山县、衡阳县。

齿裂大戟（拍摄于衡山县开云镇农科村，2020.8）

三裂叶薯

Ipomoea triloba

一年生草本；茎缠绕或有时平卧，无毛或散生毛，且主要在节上。叶宽卵形至圆形，长2.5 ~ 7厘米，宽2 ~ 6厘米，全缘或有粗齿或深3裂，基部心形，两面无毛或散生疏柔毛；叶柄长2.5 ~ 6厘米，无毛或有时有小疣。花序腋生，花序梗短于或长于叶柄，长2.5 ~ 5.5厘米，较叶柄粗壮，无毛，明显有棱角，顶端具小疣，1朵花或少花至数朵花成伞形状聚伞花序；花梗多少具棱，有小瘤突，无毛，长5 ~ 7毫米；苞片小，披针状长圆形；萼片近相等或稍不等，长

三裂叶薯（拍摄于衡山县新桥村，2020.8）

5 ~ 8毫米，外萼片稍短或近等长，长圆形，钝或锐尖，具小短尖头，背部散生疏柔毛，边缘明显有缘毛，内萼片有时稍宽，椭圆状长圆形，锐尖，具小短尖头，无毛或散生毛；花冠漏斗状，长约1.5厘米，无毛，淡红色或淡紫红色，冠檐裂片短而钝，有小短尖头；雄蕊内藏，花丝基部有毛；子房有毛。蒴果近球形，高5 ~ 6毫米，具花柱基形成的细尖，被细刚毛，2室，4瓣裂。种子4或较少，长3.5毫米，无毛。

分布：衡山县、衡阳县、石鼓区。

三裂叶薯（拍摄于衡山县新桥村，2020.8）

茑萝

Ipomoea quamoclit

一年生缠绕草本，长达4米。全株无毛。叶长4 ~ 7厘米，羽状深裂至中脉，具10 ~ 18对线形细裂片；叶柄长0.8 ~ 4厘米，基部具一对小型羽裂叶。聚伞花序梗长1.5 ~ 10厘米。花梗长0.9 ~ 2厘米；萼片绿色，椭圆形，先端钝，具小凸尖，无毛；花冠深红色，高脚碟状；雄蕊及柱头伸出。蒴果卵形，长7 ~ 8毫米。种子4，卵状长圆形，长5 ~ 6毫米，黑褐色。

分布：衡山县、南岳区、石鼓区。

茑萝（拍摄于衡山县柘塘水库，2020.8）

茑萝（拍摄于南岳区止观桥，2020.8）

茑萝（拍摄于衡山县柘塘水库，2020.8）

土人参

Talinum paniculatum

一年生或多年生草本，全株无毛，高30～100厘米。主根粗壮，圆锥形，有少数分枝，皮黑褐色，断面乳白色。茎直立，肉质，基部近木质，多少分枝，圆柱形，有时具槽。叶互生或近对生，具短柄或近无柄，叶片稍肉质，倒卵形或倒卵状长椭圆形，长5～10厘米，宽2.5～5厘米，顶端急尖，有时微凹，具短尖头，基部狭楔形，全缘。圆锥花序顶生或腋生，较大形，常二叉状分枝，具长花序梗；花小，直径约6毫米；总苞片绿色或近红色，圆形，顶端圆钝，长3～4毫米；苞片2，膜质，披针形，顶端急尖，长约1毫米；

土人参（拍摄于衡山县柘塘水库，2022.8）

花梗长5 ~ 10毫米；萼片卵形，紫红色，早落；花瓣粉红色或淡紫红色，长椭圆形、倒卵形或椭圆形，长6 ~ 12毫米，顶端圆钝，稀微凹；雄蕊（10 ~ ）15 ~ 20，比花瓣短；花柱线形，长约2毫米，基部具关节；柱头3裂，稍开展；子房卵球形，长约2毫米。蒴果近球形，直径约4毫米，3瓣裂，坚纸质；种子多数，扁圆形，直径约1毫米，黑褐色或黑色，有光泽。花期6 ~ 8月，果期9 ~ 11月。原产热带美洲。

分布：衡山县、南岳区、石鼓区。

土人参（拍摄于衡山县柘塘水库，2022.8）

长春花

Catharanthus roseus

半灌木，略有分枝，高达60厘米，有水液，全株无毛或仅有微毛；茎近方形，有条纹，灰绿色；节间长1 ~ 3.5厘米。叶膜质，倒卵状长圆形，长3 ~ 4厘米，宽1.5 ~ 2.5厘米，先端浑圆，有短尖头，基部广楔形至楔形，渐狭而成叶柄；叶脉在叶面扁平，在叶背略隆起，侧脉约8对。聚伞花序腋生或顶生，有花2 ~ 3朵；花萼5深裂，内面无腺体或腺体不明显，萼片披针形或钻状渐尖，长约3毫米；花冠红色，高脚碟状，花冠筒圆筒状，长约2.6厘米，内面具疏柔毛，喉部紧缩，具刚毛；花冠裂片宽倒卵形，长和宽约1.5厘米；雄蕊着生于花冠筒的上半部，但花药隐藏于花喉之内，与柱头离生；子房和花盘与属的特征相同。蓇葖双生，直立，平行或略叉开，长约2.5厘米，直径3毫米；外果皮厚纸质，有条纹，被柔毛；种子黑色，长圆状圆筒形，两端截形，具有颗粒状小瘤。花期、果期几乎全年。

分布：蒸湘区、衡山县。

长春花（拍摄于衡山县新桥村，2020.8）

长春花（拍摄于衡山县新桥村，2020.8）

鬼针草

Bidens pilosa

一年生草本，茎直立，高30 ~ 100厘米，钝四棱形，无毛或上部被极稀疏的柔毛，基部直径可达6毫米。茎下部叶较小,3裂或不分裂，通常在开花前枯萎，中部叶具长1.5 ~ 5厘米无翅的柄，三出，小叶3枚，很少为具5（ ~ 7）小叶的羽状复叶，两侧小叶椭圆形或卵状椭圆形，长2 ~ 4.5厘米，宽1.5 ~ 2.5厘米，先端锐尖，基部近圆形或阔楔形，有时偏斜，不对称，具短柄，边缘有锯齿、顶生小叶较大，长椭圆形或卵状长圆形，长3.5 ~ 7厘米，先端渐尖，基部渐狭或近圆形，具长1 ~ 2厘米的柄，边缘有锯齿，无毛或被极稀

鬼针草（拍摄于衡山县柘塘水库，2022.8）

疏的短柔毛，上部叶小，3裂或不分裂，条状披针形。头状花序直径8 ~ 9毫米，有长1 ~ 6（果时长3 ~ 10）厘米的花序梗。总苞基部被短柔毛，苞片7 ~ 8枚，条状匙形，上部稍宽，开花时长3 ~ 4毫米，果时长至5毫米，草质，边缘疏被短柔毛或几无毛，外层托片披针形，果时长5 ~ 6毫米，干膜质，背面褐色，具黄色边缘，内层较狭，条状披针形。无舌状花，盘花筒状，长约4.5毫米，冠檐5齿裂。瘦果黑色，条形，略扁，具棱，长7 ~ 13毫米，宽约1毫米，上部具稀疏瘤状突起及刚毛，顶端芒刺3 ~ 4枚，长1.5 ~ 2.5毫米，具倒刺毛。

分布：衡山县、南岳区、衡阳县、石鼓区、蒸湘区、珠晖区。

鬼针草（拍摄于衡山县柘塘水库，2022.8）

万寿菊

Tagetes erecta

一年生草本，高50 ~ 150厘米。茎直立，粗壮，具纵细条棱，分枝向上平展。叶羽状分裂，长5 ~ 10厘米，宽4 ~ 8厘米，裂片长椭圆形或披针形，边缘具锐锯齿，上部叶裂片的齿端有长细芒；沿叶缘有少数腺体。头状花序单生，径5 ~ 8厘米，花序梗顶端棍棒状膨大；总苞长1.8 ~ 2厘米，宽1 ~ 1.5厘米，杯状，顶端具齿尖；舌状花黄色或暗橙色；长2.9厘米，舌片倒卵形，长1.4厘米，宽1.2厘米，基部收缩成长爪，顶端微弯缺；管状花花冠黄色，长约9毫米，顶端具5齿裂。瘦果线形，基部缩小，黑色或褐色，长8 ~ 11毫米，被短微毛；冠毛有1 ~ 2个长芒和2 ~ 3个短而钝的鳞片。花期7 ~ 9月。原产墨西哥。

分布：南岳区、衡阳县、石鼓区、蒸湘区、雁峰区。

万寿菊（拍摄于南岳区止观桥，2020.8）

千日红

Gomphrena globosa

一年生直立草本，高20 ~ 60厘米；茎粗壮，有分枝，枝略成四棱形，有灰色糙毛，幼时更密，节部稍膨大。叶片纸质，长椭圆形或矩圆状倒卵形，长3.5 ~ 13厘米，宽1.5 ~ 5厘米，顶端急尖或圆钝，凸尖，基部渐狭，边缘波状，两面有小斑点、白色长柔毛及缘毛，叶柄长1 ~ 1.5厘米，有灰色长柔毛。花多数，密生，成顶生球形或矩圆形头状花序，单一或2 ~ 3个，直径2 ~ 2.5厘米，常紫红色，有时淡紫色或白色；总苞为2绿色对生叶状苞片而成，卵形或心形，长1 ~ 1.5厘米，两面有灰色长柔毛；苞片卵形，长3 ~ 5毫米，白色，顶端紫红色；小苞片三角状披针形，长1 ~ 1.2厘米，紫红色，内面凹陷，顶端渐尖，背棱有细锯齿缘；花被片披针形，长5 ~ 6毫米，不展开，顶端渐尖，外面密生白色绵毛，花期后不变硬；雄蕊花丝连合成管状，顶端5浅裂，花药生在裂片的内面，微伸出；花柱条形，比雄蕊管短，柱头2，叉状分枝。胞果近球形，直径2 ~ 2.5毫米。种子肾形，棕色，光亮。花果期6 ~ 9月。原产美洲热带，我国南北各省均有栽培。

分布：南岳区。

千日红（拍摄于南岳区止观桥，2020.8）

球序卷耳

Cerastium glomeratum

一年生草本，高10 ~ 20厘米。茎单生或丛生，密被长柔毛，上部混生腺毛。茎下部叶叶片匙形，顶端钝，基部渐狭成柄状；上部茎生叶叶片倒卵状椭圆形，长1.5 ~ 2.5厘米，宽5 ~ 10毫米，顶端急尖，基部渐狭成短柄状，两面皆被长柔毛，边缘具缘毛，中脉明显。聚伞花序呈簇生状或呈头状；花序轴密被腺柔毛；苞片草质，卵状椭圆形，密被柔毛；花梗细，长1 ~ 3毫米，密被柔毛；萼片5，披针形，长

球序卷耳（拍摄于南岳自然保护区，2020.8）

约4毫米，顶端尖，外面密被长腺毛，边缘狭膜质；花瓣5，白色，线状长圆形，与萼片近等长或微长，顶端2浅裂，基部被疏柔毛；雄蕊明显短于萼；花柱5。蒴果长圆柱形，长于宿存萼0.5 ～ 1倍，顶端10齿裂；种子褐色，扁三角形，具疣状凸起。花期3 ～ 4月，果期5 ～ 6月。

分布：南岳区、石鼓区。

球序卷耳（拍摄于石鼓区湖南环境生物职业技术学院，2018.5）

野老鹳草

Geranium carolinianum

一年生草本，高20 ~ 60厘米，根纤细，单一或分枝，茎直立或仰卧，单一或多数，具棱角，密被倒向短柔毛。基生叶早枯，茎生叶互生或最上部对生；托叶披针形或三角状披针形，长5 ~ 7毫米，宽1.5 ~ 2.5毫米，外被短柔毛；茎下部叶具长柄，柄长为叶片的2 ~ 3倍，被倒向短柔毛，上部叶柄渐短；叶片圆肾形，长2 ~ 3厘米，宽4 ~ 6厘米，基部心形，掌状5 ~ 7裂近基部，裂片楔状倒卵形或菱形，下部楔形、全缘，上部羽状深裂，小裂片条状矩圆形，先端急尖，表面被短伏毛，背面主要沿脉被短伏毛。花序腋生和顶生，长于叶，被倒生短柔毛和开展的长腺毛，每总花梗具2花，顶生总花梗常数个集生，花序呈伞形状；花梗与总花梗相似，等于或稍短于花；苞片钻状，长3 ~ 4毫米，被短柔毛；萼片长卵形或近椭圆形，长5 ~ 7毫米，宽3 ~ 4毫米，先端急尖，具长约1毫米尖头，外被短柔毛或沿脉被开展的糙柔毛和腺毛；花瓣淡紫红色，倒卵形，稍长于萼，先端圆形，基部宽楔形，雄蕊稍短于萼片，中部以下被长糙柔毛；雌蕊稍长于雄蕊，密被糙柔毛。蒴果长约2厘米，被短糙毛，果瓣由喙上部先裂向下卷曲。花期4 ~ 7月，果期5 ~ 9月。原产美洲。

分布：南岳区。

野老鹳草（拍摄于南岳自然保护区，2020.8）

五叶地锦

Parthenocissus quinquefolia

木质藤本。小枝圆柱形，无毛。卷须总状5 ~ 9分枝，相隔2节间断与叶对生，卷须顶端嫩时尖细卷曲，后遇附着物扩大成吸盘。叶为掌状5小叶，小叶倒卵圆形、倒卵椭圆形或外侧小叶椭圆形，长5.5 ~ 15厘米，宽3 ~ 9厘米，最宽处在上部或外侧小叶最宽处在近中部，顶端短尾尖，基部楔形或阔楔形，边缘有粗锯齿，上面绿色，下面浅绿色，两面均无毛或下面脉上微被疏柔毛；侧脉5 ~ 7对，网脉两面均不明显突出；叶柄长5 ~ 14.5厘米，无毛，小叶有短柄或几无柄。花序假顶生形成主轴明显的圆锥状多歧聚伞花序，长8 ~ 20厘米；花序梗长3 ~ 5厘米，无毛；花梗长1.5 ~ 2.5毫米，无毛；花蕾椭圆形，高2 ~ 3毫米，顶端圆形；萼碟形，边缘全缘，无毛；花瓣5，长椭圆形，高1.7 ~ 2.7毫米，无毛；雄蕊5，花丝长0.6 ~ 0.8毫米，花药长椭圆形，长1.2 ~ 1.8毫米；花盘不明显；子房卵锥形，渐狭至花柱，或后期花柱基部略微缩小，柱头不扩大。果实球形，直径1 ~ 1.2厘米，有种子1 ~ 4颗；种子倒卵形，顶端圆形，基部急尖成短喙，种脐在种子背面中部呈近圆形，腹部中棱脊突出，两侧洼穴呈沟状，从种子基部斜向上达种子顶端。花期6 ~ 7月，果期8 ~ 10月。原产北美，在中国东北、华北各地栽培。

分布：南岳区、衡阳县、蒸湘区。

五叶地锦（拍摄于衡阳县演陂镇玉龙村，2020.8）

五叶地锦（拍摄于衡阳县演陂镇玉龙村，2020.8）

阿拉伯婆婆纳

Veronica persica

铺散多分枝草本，高10 ~ 50厘米。茎密生两列多细胞柔毛。叶2 ~ 4对（腋内生花的称苞片），具短柄，卵形或圆形，长6 ~ 20毫米，宽5 ~ 18毫米，基部浅心形，平截或浑圆，边缘具钝齿，两面疏生柔毛。总状花序很长；苞片互生，与叶同形且几乎等大；花梗比苞片长，有的超过1倍；花萼花期长仅3 ~ 5毫米，果期增大达8毫米，裂片卵状披针形，有睫毛，三出脉；花冠蓝色、紫色或蓝紫色，长4 ~ 6毫米，裂片卵形至圆形，喉部疏被毛；雄蕊短于花冠。蒴果肾形，长约5毫米，宽约7毫米，被腺毛，成熟后几乎无毛，网脉明显，凹口角度超过90度，裂片钝，宿存的花柱长约2.5毫米，超出凹口。种子背面具深的横纹，长约1.6毫米。花期3 ~ 5月。

分布：南岳区、石鼓区、蒸湘区。

阿拉伯婆婆纳（拍摄于石鼓区湖南环境生物职业技术学院，2020.5）

丝毛雀稗

Paspalum urvillei

多年生。具短根状茎。秆丛生，高50 ~ 150厘米。叶鞘密生糙毛，鞘口具长柔毛；叶舌长3 ~ 5毫米；叶片长15 ~ 30厘米，宽5 ~ 15毫米，无毛或基部生毛。总状花序10 ~ 20枚，长8 ~ 15厘米，组成长20 ~ 40厘米的大型总状圆锥花序。小穗卵形，顶端尖，长2 ~ 3毫米，稍带紫

色，边缘密生丝状柔毛；第二颖与第一外稃等长、同型，具3脉，侧脉位于边缘；第二外稃椭圆形，革质，平滑。花果期5 ~ 10月。

分布：衡阳县。

丝毛雀稗（拍摄于衡阳县演陂镇玉龙村，2020.8）

北美车前

Plantago virginica

一年生或二年生草本。直根纤细，有细侧根。根茎短。叶基生呈莲座状，平卧至直立；叶片倒披针形至倒卵状披针形，长（2 ~ ）3 ~ 18厘米，宽0.5 ~ 4厘米，先端急尖或近圆形，边缘波状、疏生牙齿或近全缘，基部狭楔形，下延至叶柄，两面及叶柄散生白色柔毛，脉（3 ~ ）5条；叶柄长0.5 ~ 5厘米，具翅或无翅，基部鞘状。花序1至多数；花序梗直立或弓曲上升，长4 ~ 20厘米，较纤细，有纵条纹，密被开展的白色柔毛，中空；穗状花序细圆柱状，长（1 ~ ）3 ~ 18厘米，下部常间断；苞片披针形或狭椭圆形，长2 ~ 2.5毫米，龙骨突宽厚，宽于侧片，背面及边缘有白色疏柔毛。萼片与苞片等长或略短，前对萼片倒卵圆形，龙骨突较宽，不达顶端，先端钝，两侧片不等宽，先端及背面有

北美车前（拍摄于石鼓区湖南环境生物职业技术学院，2021.6）

白色短柔毛，后对萼片宽卵形，龙骨突较狭，伸出顶端，两侧片较宽，龙骨突及边缘疏生白色短柔毛。花冠淡黄色，无毛，冠筒等长或略长于萼片；花两型，能育花的花冠裂片卵状披针形，长1.5 ~ 2.5毫米，直立，雄蕊着生于冠筒内面顶端，被直立的花冠裂片所覆盖，花药狭卵形，长仅0.25 ~ 0.3毫米，淡黄色，干后黄色，具狭三角形小尖头，花柱内藏或略外伸，以闭花受粉为主；风媒花通常不育，花冠裂片与能育花同形，但开展并于花后反折，雄蕊与花柱明显外伸，花药宽椭圆形，长1 ~ 1.1毫米，淡黄色，干后黄褐色，具三角形小尖头。胚珠2。蒴果卵球形，长2 ~ 3毫米，于基部上方周裂。种子2，卵形或长卵形，长（1 ~ ）1.4 ~ 1.8毫米，腹面凹陷呈船形，黄褐色至红褐色，有光泽；子叶背腹向排列。花期4 ~ 5月，果期5 ~ 6月。原产北美，为外来杂草。

分布：石鼓区、衡阳县、衡山县、衡南县。

北美车前（拍摄于石鼓区湖南环境生物职业技术学院，2021.6）

马缨丹

Lantana camara

直立或蔓性的灌木，高1 ~ 2米，有时藤状，长达4米；茎枝均呈四方形，有短柔毛，通常有短而倒钩状刺。单叶对生，揉烂后有强烈的气味，叶片卵形至卵状长圆形，长3 ~ 8.5厘米，宽1.5 ~ 5厘米，顶端急尖或渐尖，基部心形或楔形，边缘有钝齿，表面有粗糙的皱纹和短柔毛，背面有小刚毛，侧脉约5对；叶柄长约1厘米。花序直径1.5 ~ 2.5厘米；花序梗粗壮，长于叶柄；苞片披针形，长为花萼的1 ~ 3倍，外部有粗毛；花萼管状，膜质，长约1.5毫米，顶端有极短的齿；花冠黄色或橙黄色，开花后不久转为深红色，花冠管长约1厘米，两面有细短毛，直径4 ~ 6毫米；子房无毛。果圆球形，直径约4毫米，成熟时紫黑色。全年开花。原产美洲热带地区，已被生态环境部列为二级危害程度的外来入侵植物。

分布：石鼓区、南岳区、衡阳县。

马缨丹（拍摄于石鼓区湖南环境生物职业技术学院，2020.6）

马缨丹（拍摄于石鼓区湖南环境生物职业技术学院，2020.6）

白车轴草

Trifolium repens

短期多年生草本，生长期达5年，高10 ~ 30厘米。主根短，侧根和须根发达。茎匍匐蔓生，上部稍上升，节上生根，全株无毛。掌状三出复叶；托叶卵状披针形，膜质，基部抱茎成鞘状，离生部分锐尖；叶柄较长，长10 ~ 30厘米；小叶倒卵形至近圆形，长8 ~ 20（~ 30）毫米，宽8 ~ 16（~ 25）毫米，先端凹头至钝圆，基部楔形渐窄至小叶柄，中脉在下面隆起，侧脉约13对，与中脉作50度角展开，两面均隆起，近叶边分叉并伸达锯齿齿尖；小叶柄长1.5毫米，微被柔毛。花序球形，顶生，直径15 ~ 40毫米；总花梗甚

白车轴草（拍摄于石鼓区湖南环境生物职业技术学院，2021.6）

长，比叶柄长近1倍，具花20 ~ 50（~ 80）朵，密集；无总苞；苞片披针形，膜质，锥尖；花长7 ~ 12毫米；花梗比花萼稍长或等长，开花立即下垂；萼钟形，具脉纹10条，萼齿5，披针形，稍不等长，短于萼筒，萼喉开张，无毛；花冠白色、乳黄色或淡红色，具香气。旗瓣椭圆形，比翼瓣和龙骨瓣长近1倍，龙骨瓣比翼瓣稍短；子房线状长圆形，花柱比子房略长，胚珠3 ~ 4粒。荚果长圆形；种子通常3粒。种子阔卵形。花果期5 ~ 10月。原产欧洲和北非。

分布：石鼓区、衡阳县、衡南县、衡东县。

白车轴草（拍摄于石鼓区湖南环境生物职业技术学院，2021.6）

落葵

Basella alba

一年生缠绕草本。茎长可达数米，无毛，肉质，绿色或略带紫红色。叶片卵形或近圆形，长3 ~ 9厘米，宽2 ~ 8厘米，顶端渐尖，基部微心形或圆形，下延成柄，全缘，背面叶脉微凸起；叶柄长1 ~ 3厘米，上有凹槽。穗状花序腋生，长3 ~ 15（ ~ 20）厘米；苞片极小，早落；小苞片2，萼状，长圆形，宿存；花被片淡红色或淡紫色，卵状长圆形，全缘，顶端钝圆，内摺，下部白色，连合成筒；雄蕊着生花

落葵（拍摄于衡东县新塘镇石杨村，2020.8）

被筒口，花丝短，基部扁宽，白色，花药淡黄色；柱头椭圆形。果实球形，直径5 ~ 6毫米，红色至深红色或黑色，多汁液，外包宿存小苞片及花被。花期5 ~ 9月，果期7 ~ 10月。原产亚洲热带地区，我国南北各地多有种植，南方有逸为野生的。叶含有多种维生素和钙、铁，可栽培作蔬菜，也可供观赏。

分布：衡东县。

落葵（拍摄于衡东县新塘镇石杨村，2020.8）

矢车菊

Centaurea cyanus

一年生或二年生草本，高30 ~ 70厘米或更高，直立，自中部分枝，极少不分枝。全部茎枝灰白色，被薄蛛丝状卷毛。基生叶及下部茎叶长椭圆状倒披针形或披针形，不分裂，边缘全缘无锯齿或边缘疏锯齿至大头羽状分裂，侧裂片1 ~ 3对，长椭圆状披针形、线状披针形或线形，边缘全缘无锯齿，顶裂片较大，长椭圆状倒披针形或披针形，边缘有小锯齿。中部茎叶线形、宽线形或线状披针形，长4 ~ 9厘米，宽4 ~ 8毫米，顶端渐尖，基部楔状，无叶柄边缘全缘无锯齿，上部茎叶与中部茎叶同形，但渐小。全部茎叶两面异色或近异色，上面绿色或灰绿色，被稀疏蛛丝毛或脱毛，下面灰白色，被薄绒毛。头状花序多数或少数在茎枝顶

矢车菊（拍摄于衡阳县演陂镇玉龙村，2021.8）

端排成伞房花序或圆锥花序。总苞椭圆状，直径1 ~ 1.5厘米，有稀疏蛛丝毛。总苞片约7层，全部总苞片由外向内椭圆形、长椭圆形，外层与中层包括顶端附属物长3 ~ 6毫米，宽2 ~ 4毫米，内层包括顶端附属物长1 ~ 11厘米，宽3 ~ 4毫米。全部苞片顶端有浅褐色或白色的附属物，中外层的附属物较大，内层的附属物较大，全部附属物沿苞片短下延，边缘流苏状锯齿。边花增大，超长于中央盘花，蓝色、白色、红色或紫色，檐部5 ~ 8裂，盘花浅蓝色或红色。瘦果椭圆形，长3毫米，宽1.5毫米，有细条纹，被稀疏的白色柔毛。冠毛白色或浅土红色，2列，外列多层，向内层渐长，长达3毫米，内列1层，极短；全部冠毛刚毛毛状。花果期2 ~ 8月。

分布：衡阳县。

矢车菊（拍摄于衡阳县演陂镇玉龙村，2021.8）

草地贪夜蛾

Spodoptera frugiperda

成虫：翅展32 ~ 40mm，前翅深棕色，后翅白色，边缘有窄褐色带。雌蛾前翅呈灰褐色或灰色棕色杂色，具环形纹和肾形纹，轮廓线黄褐色；雄蛾前翅灰棕色，翅顶角向内各具一大白斑，环状纹后侧各具一浅色带自翅外缘至中室，肾形纹内侧各具一白色楔形纹。幼虫：一般有6个龄期，体长1 ~ 45mm，体色有浅黄、浅绿、褐色等多种，最为典型的识别特征是末端腹节背面有4个呈正方形排列的黑点，三龄后头部可见的倒“Y”形纹。卵：通常100 ~ 200粒堆积成块状，多由白色鳞毛覆盖，初产时为浅绿或白色，孵化前渐变为棕色。卵粒直径0.4mm，卵高0.3mm。卵多产于叶片正面，玉米喇叭口期多见于近喇叭口处。适宜温度下，2 ~ 3d孵化。蛹：被蛹，体长15 ~ 17mm，体宽4.5mm，化蛹初期体色淡绿色，逐渐变为红棕及黑褐色。常在2 ~ 8cm深的土壤中化蛹，有时也在果穗或叶腋处化蛹。

分布：衡南县、常宁市、耒阳市、衡阳县、衡东县、祁东县、衡山县、珠晖区、蒸湘区。

草地贪夜蛾（成虫）（拍摄于祁东县黄珠坪，2022.7）

草地贪夜蛾（幼虫）（拍摄于祁东县黄珠坪，2022.7）

福寿螺

Pomacea canaliculata

是瓶螺科、瓶螺属软体动物。贝壳外观与田螺相似。具一螺旋状的螺壳，颜色随环境及螺龄不同而异，有光泽和若干条细纵纹，爬行时头部和腹足伸出。头部有2对触角，前触角短，后触角长，后触角的基部外侧各有一只眼睛。螺体左边有1条粗大的肺吸管。成贝壳厚，壳高7厘米，幼贝壳薄，贝壳的缝合线处下陷呈浅沟，壳脐深而宽。福寿螺喜欢生活在水质清新、饵料充足的淡水中，多群栖息于池边浅水区。食性广，是以植物性饵料为主的杂食性螺类，主要取食浮萍、蔬菜、瓜果等，尤其喜欢吃带甜味的食物，也爱吃水中的动物腐肉。原产中美洲的热带和亚热带地区。原国家环境保护总局将福寿螺列为重大危险性农业外来入侵生物之一。

分布：衡南县、衡东县、祁东县、衡山县、衡阳县。

福寿螺（拍摄于衡南县松江镇兴隆塘，2020.7）

福寿螺卵（拍摄于衡阳县蒸水河杨瓦志屋段，2020.8）

福寿螺卵（拍摄于衡南县松江镇兴隆塘，2020.7）

福寿螺（拍摄于衡南县松江镇兴隆塘，2020.7）

参考文献

[1] 2020中国生态环境状况公报[EB/OL]. https：//www.mee.gov.cn/hjzl/sthjzk/zghjzkgb/202105/P020210526572756184785.pdf，2021-05-26/2023-5-6.

[2] 李振宇，解焱. 中国外来入侵种[M].北京：中国林业出版社，2002.

[3] 张海燕，罗鑫，张敏. 外来入侵植物小飞蓬化感作用机理研究的进展［J］. 湖南生态科学学报，2015，2（4）：29-33.

[4] 刘婷婷，张洪军，马忠玉. 生物入侵造成经济损失评估的研究进展［J］. 生态经济，2010（2）：173-175，178.

[5] 陈宝明，彭少麟，吴秀平，等. 近20年外来生物入侵危害与风险评估文献计量分析［J］. 生态学报，2016，36（20）：6677-6685.

[6] 蒋舟谣. 外来植物入侵对生态安全的威胁［J］. 湖南林业科技，2016，43（2）：137-140.

[7] 鞠瑞亭，李慧，石正人，等. 近十年中国生物入侵研究进展［J］. 生物多样性，2012，20（5）：581-611.

[8] 闫小玲，刘全儒，寿海洋，等. 中国外来入侵植物的等级划分与地理分布格局分析［J］. 生物多样性，2014，22（5）：667-676.

[9] 谢红艳，黄胜，左家哺，等. 衡阳市外来入侵植物调查［J］. 湖南林业科技，2011，38（2）：51-54.

[10] XU H，PAN X，SONG Y，et al. Intention-ally introduced species：more easily invited than removed［J］. Biodivers Conserv，2014，23（10）：2637-2643.

[11] 严靖，闫小玲，王樟华，等. 安徽省外来入侵植物的分布格局及其等级划分［J］. 植物科学学报，2017，35（5）：679-690.

[12] 马金双. 中国入侵植物名录［M］. 北京：高等教育出版社，2013.

[13] 关于发布中国第一批外来入侵物种名单的通知[EB/OL]. http：//www.gov.cn/gongbao/content/2003/content_62285.htm，2003-01-10/2020-11-6.

[14] 关于发布中国第二批外来入侵物种名单的通知[EB/OL]. http：//www.mee.gov.cn/gkml/hbb/bwj/201001/t20100126_184831.htm，2010-01-7/2020-11-6.

[15] 肖顺勇，陈欣欣，周建成，等. 湖南省外来物种入侵形势及其防控对策［J］. 湖南农业科学，2014，20（1）：45-47.

[16] 杨健. 我国外来生物入侵的现状及管理对策研究［D］. 荆州：长江大学，2013.

致谢

本研究能顺利完成并出版，得到了湖南环境生物职业技术学院园林学院赵富群老师，生态宜居学院李凌、欧阳论等老师的大力支持。课题组于2018年5月至2022年8月分批对衡阳地区12个县（区）进行实地调查，取得了第一手资料，拍摄了大量的调查照片，为后续研究奠定了坚实基础。项目开展过程需要经常到野外进行物种调查，条件艰苦，有时用餐就在野外简单解决，华灯初上才回到住地。令人印象深刻的是调查期间的7、8月份，户外温度高达40℃，阳光毒辣，大家坚持在野外作业，采集标本、记录数据，毫无怨言，在此对课题组各位同仁表示深深的谢意！